漫画 むかわ竜発掘記

企画・原案／土屋健
監修／小林快次
漫画／山本佳輝・サイドランチ

原作『ザ・パーフェクト』
執筆 土屋 健
監修 小林 快次・櫻井和彦・西村智弘
誠文堂新光社

本書を手に取った方へ

恐竜といえば海外のもの、というのが20世紀の常識だった。
最近では福井、兵庫、長崎など国内でも
恐竜化石の発見が相次いでいる。
本書は、中でも日本の古生物学史上、
最大級の発見と言われるむかわ竜に
まつわるエピソードを漫画で描いたものだ。
恐竜とは何か、
化石発掘とはどんな工程で行うものなのかなど
あなたのサイエンスな好奇心を満たす内容が
たっぷり詰まっていることは自信を持って約束したい。

そして出来事を追っていくと

この化石を巡り、
いくつかの偶然が重なっていることに驚くかもしれない。
人との出会いや運命がもたらす出来事についても
思いを馳せる物語になっているだろう。

なお、この本は
2016年7月に刊行された書籍
『ザ・パーフェクト－日本初の恐竜全身骨格発掘記』(執筆 土屋健)を
原作に漫画化されたものである。
入念な取材を重ねて作り上げた、
科学的に正しいドキュメンタリーであると同時に
「どのような人」が携わっているのかという視点で
恐竜化石発掘を描いたドラマになっている。
漫画化においても、物語の展開はこの原作に従った。
加えて、原作刊行後のエピソードを追加取材して制作している。

登場人物紹介

北海道大学

小林快次

日本を代表する恐竜研究者であり、むかわ竜の発掘を指揮した人物。「隼の目」「ダイナソー小林」など、さまざまなニックネームで親しまれている。

協力関係

研究者仲間

むかわ町穂別博物館

櫻井和彦

穂別博物館で働く学芸員で、専門は古脊椎動物学。博物館に所蔵されているモササウルス類、ウミガメ、脊椎動物などの化石の整理を行っている。

下山正美

郵便局を退職し、クリーニング技師として穂別博物館に再就職。まったくの未経験だったが、今では縁の下の力持ちとして活躍している。

西村智弘

穂別博物館で働く学芸員。研究の専門は白亜紀のアンモナイトと地層で、化石が発見された山の地層にも精通している。

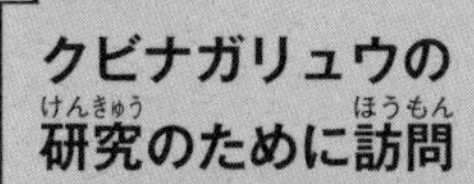

知り合い

クビナガリュウの研究のために訪問

堀田良幸

すべての始まりとなる、むかわ竜の第一発見者。趣味の化石採集を続けて数十年。長年の経験と独学で身につけた知識により、これまでにも貴重な化石を見つけている。

東京学芸大学

佐藤たまき

クビナガリュウを専門に研究している古生物学者。新しい研究素材を探すため、クビナガリュウの化石がよく採集される、むかわ町穂別博物館を訪れる。

もくじ

-contents-

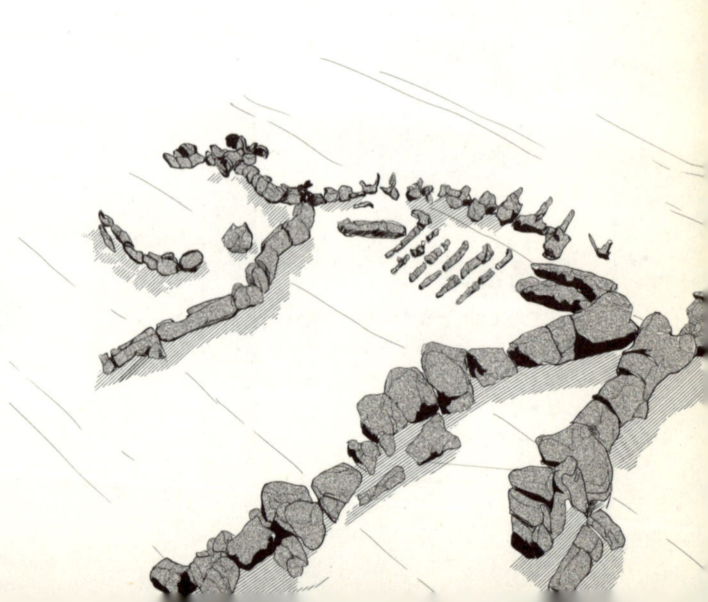

コラム

執筆：土屋健

表紙イラスト：山本佳輝・犬神リト
漫画協力：おさけ・狐塚あやめ
表紙デザイン：SPAIS
本文デザイン：シーツ・デザイン
校正：佑文社

北海道南部に位置する小さな町
むかわ町
むかわ町
Mukawa Town

2010年11月11日むかわ町穂別博物館
町立穂別図書館
町立穂別博物館
ここに1人の古生物学者が来訪した日から
この物語は動き始める

第1話「発端」

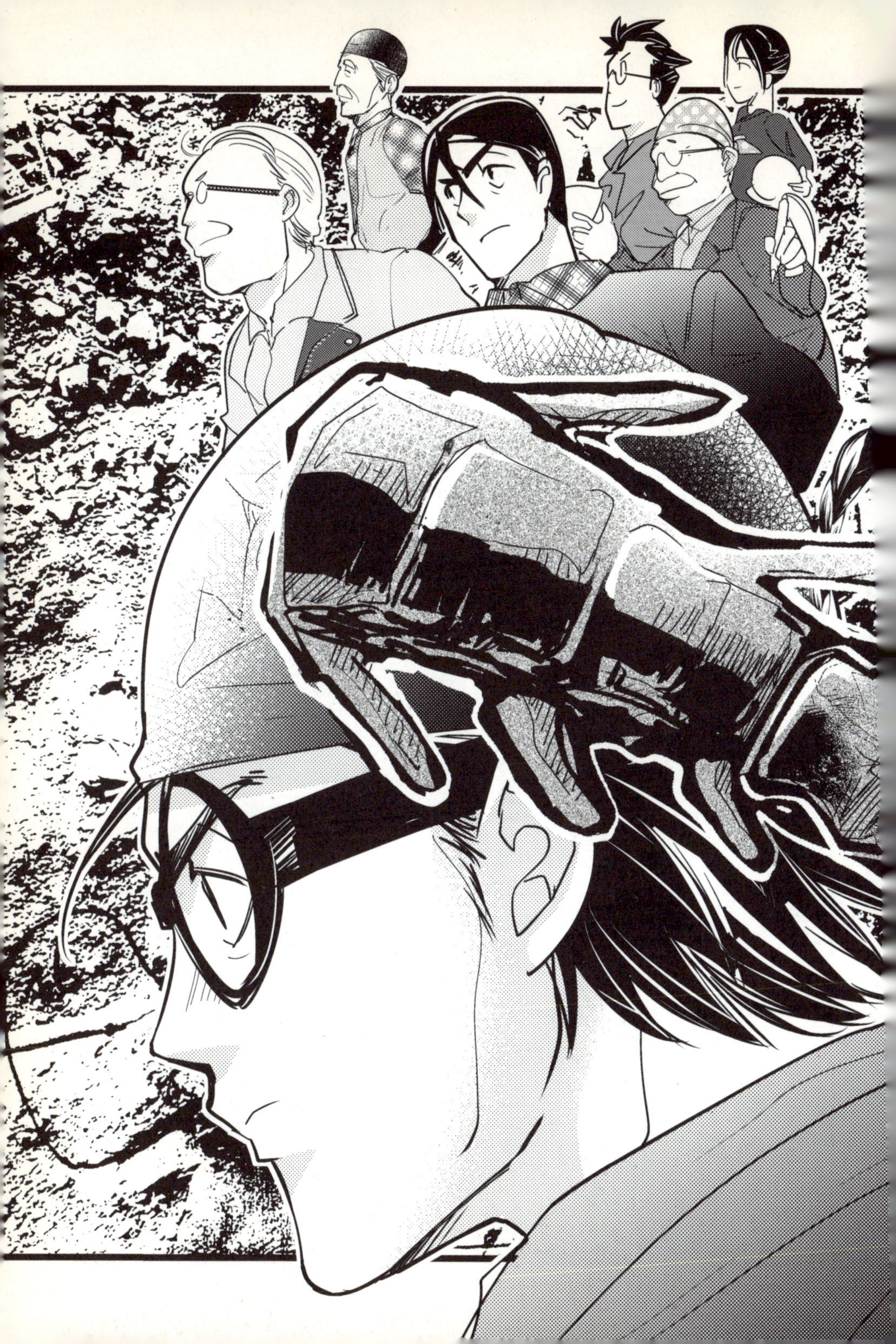

すいません
櫻井さんは
ご在館
でしょうか？
やぁお待ち
してました
私が櫻井です！
こんにちは
ご連絡した
佐藤です

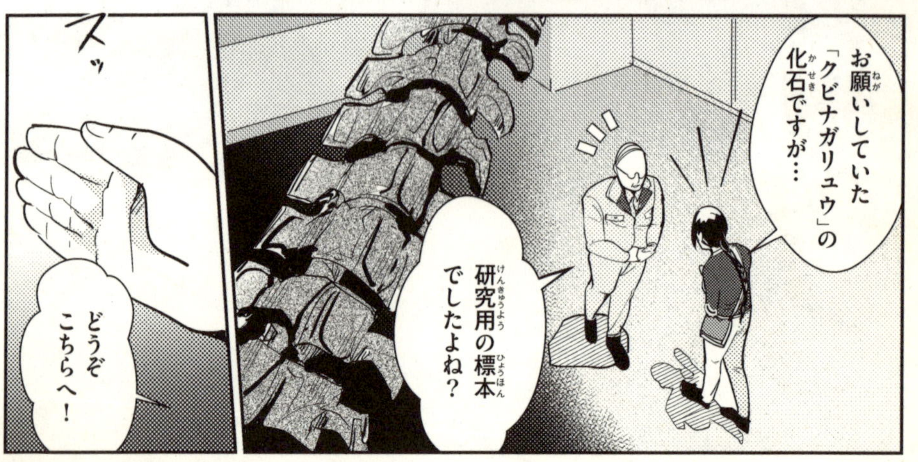
お願いしていた
「クビナガリュウ」の
化石ですが…
研究用の標本
でしたよね？
どうぞ
こちらへ！
スッ

東京学芸大学
准教授
佐藤たまき
知る人ぞ知る
「クビナガリュウ類」の
研究者である

アメリカ カナダ
日本と所属を
変えながら
フタバスズキリュウの
研究に携わり
新属新種であると証明
「Futabasaurus suzukii」と
正式な学名を決定づけ
「佐藤たまき研究室」を
構え 学生の指導にも
あたっていた

アモ〜
卒業研究
以来ですよ
ここに来るのは
懐かしいなぁ

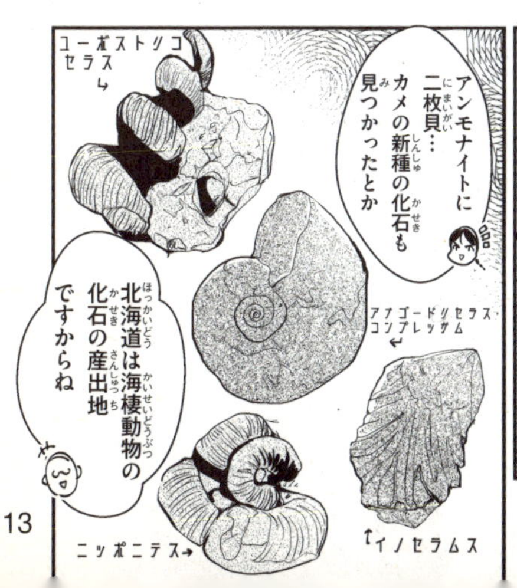
アンモナイトに
二枚貝…
カメの新種の化石も
見つかったとか
北海道は海棲動物の
化石の産出地
ですからね
ユーボストリコセラス
アナゴードリセラス・コンプレッサム
ニッポニテス
イノセラムス

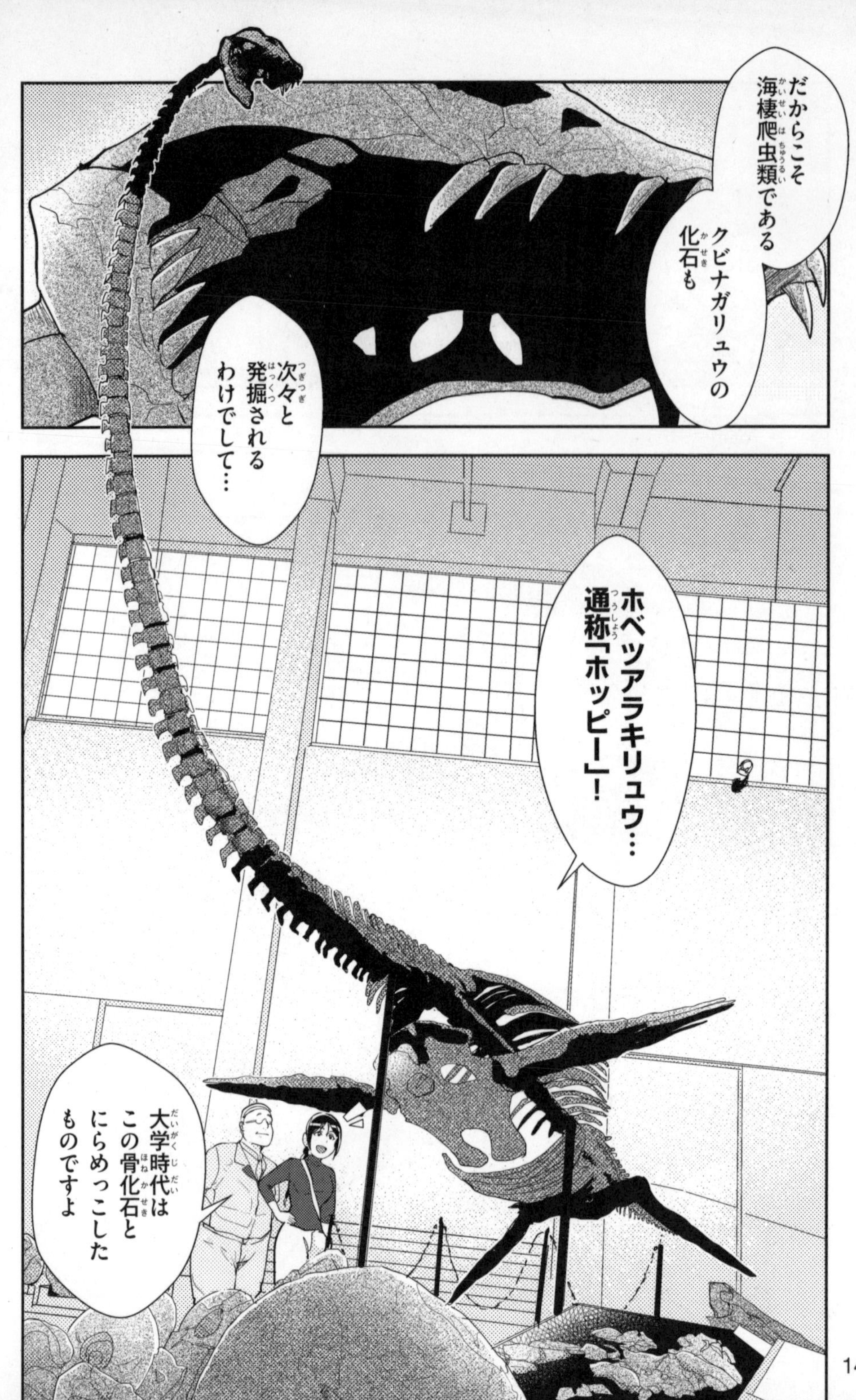
だからこそ海棲爬虫類である
クビナガリュウの化石も
次々と発掘されるわけでして…
ホベツアラキリュウ…通称「ホッピー」！
大学時代はこの骨化石とにらめっこしたものですよ

穂別博物館はホッピーの発見を機に
建設されたものですから
メキ
フンス!
クビナガリュウといえば穂別!という印象です 私は

1975年荒木新太郎が穂別でクビナガリュウ類の化石標本を発見し
発見者の名を冠してホベツアラキリュウと名付けられた
穂別町はホッピーの発見によって「化石」の町として整備され
海の生命ゾーン

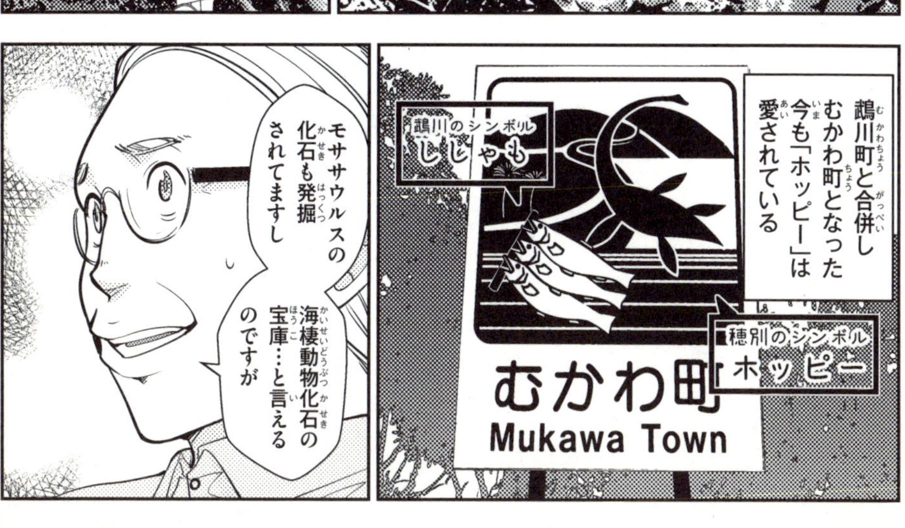
鵡川町と合併しむかわ町となった今も「ホッピー」は愛されている
鵡川のシンボル ししゃも
穂別のシンボル ホッピー
むかわ町
Mukawa Town
モササウルスの化石も発掘されてますし
海棲動物化石の宝庫…と言えるのですが

残念ながら
クビナガリュウも
モササウルスも
NOT!!
恐竜
「恐竜」
ではない
ということ
モササウルス類
モササウルス・
ホベツエンシス
クビナガリュウ類
ホベツアラキリュウ

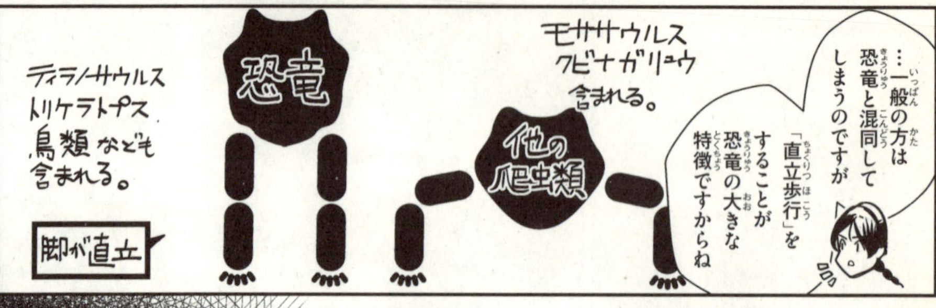

…一般の方は
恐竜と混同して
しまうのですが
「直立歩行」を
することが
恐竜の大きな
特徴ですからね
モササウルス
クビナガリュウ
含まれる。
他の
爬虫類
恐竜
ティラノサウルス
トリケラトプス
鳥類なども
含まれる。
脚が直立

恐竜の化石は
展示してますか?と
問い合わせが
あっても
「ありません」と
答えるしかなくて
え、と…
残念ながら…
恐竜ですよね!?
恐竜ですよね!?
ホッピーを見て
「恐竜ですよね?」と
聞かれて
否定する度に…
あ?
え…と
ホッピーはね…
きょーりゅーだ!
きょーりゅーだ!!
こう…思って
しまうんです

恐竜化石が欲しい！と…
恐竜化石っぽい標本を専門家に見てもらったりしたんですが
どうやら違うようで
現実はそこまで甘くないようです
ガチャ
その代わりクビナガリュウの化石標本は多く収蔵してまして…
むしろ多すぎて研究が進まないぐらいです
ですから今回のように専門の研究者に
ご覧頂けるのは大歓迎ですよ
ギィ…
ィ…

ざっと
20箱以上
我々が
クビナガリュウで
あろうと目星を
つけた標本です

すごい数の
ノジュール…
学生にとって
いい研究材料に
なりますよ！
よかったー！

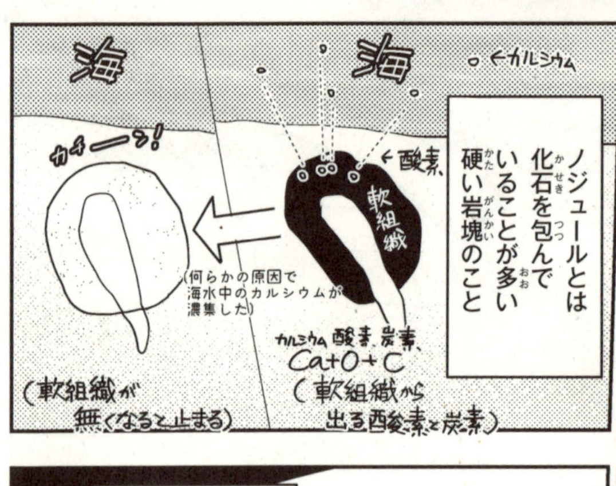
海
海
←カルシウム
カチーン！
←酸素
軟組織
(何らかの原因で
海水中のカルシウムが
濃集した)
カルシウム 酸素 炭素
Ca+O+C
(軟組織から
出る酸素と炭素)
(軟組織が
無くなると止まる)
ノジュールとは
化石を包んで
いることが多い
硬い岩塊のこと

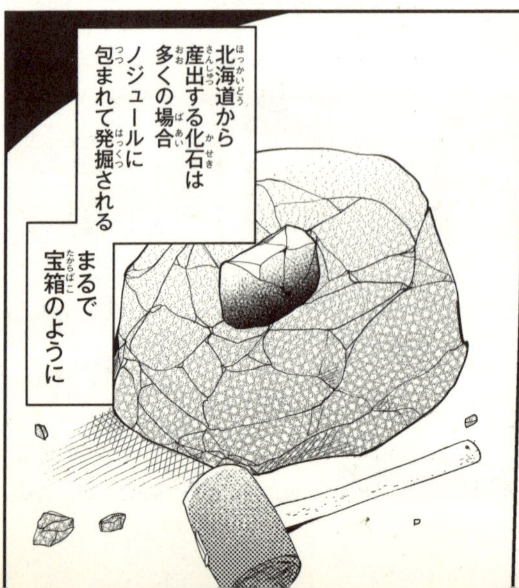
北海道から
産出する化石は
多くの場合
ノジュールに
包まれて発掘される
まるで
宝箱のように

穂別博物館には
このノジュールが
大量に収蔵されて
いたのである
この中から
めぼしいものを
選んでいただければ
私は戻って
作業して
ますので

佐藤は1つ1つ
確認した標本の
写真を撮り
パシャ
特徴をメモ
していった
カリ
カリ
そっ…
……？
これ…

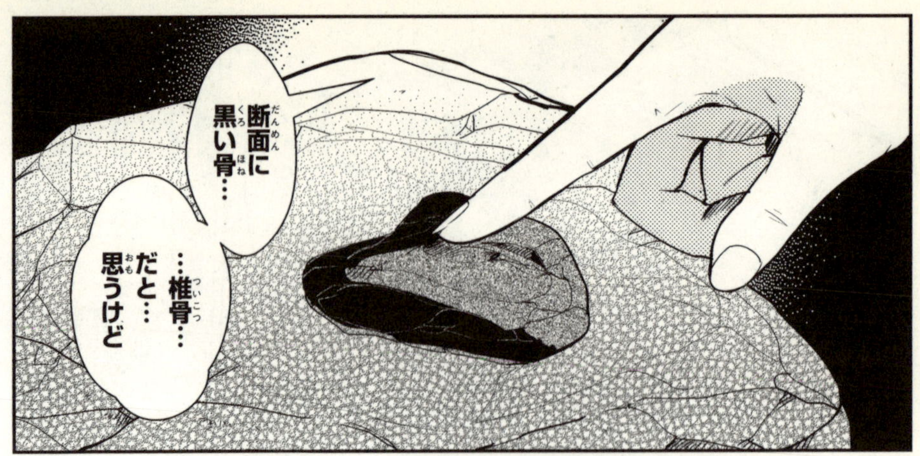
断面に
黒い骨…
…椎骨…
だと…
思うけど

ガチャ
…何だろう
『何か』…気になる
でもこれだけの
露出じゃなんとも
いい難いわね…

佐藤さん何か
面白いものは
ありましたか？
あっ櫻井さん
素晴らしい
化石標本ですよ！
ただほとんど
ノジュールに
覆われているので
指定したものを
クリーニングして
ほしいんです

スッ
これとこれと…
あれも…
あ！ついでに
これも
お願いします
佐藤に指定された
標本は
「優先度」が高く
設定された
スッ

多くの化石は
母岩から化石を取り出す
「クリーニング」という
作業を行う
ハンマーや蟻酸
エアスクライバー
cleaning
化石
さまざまな道具を
使ってノジュールを
削っていくが
中の化石を壊さずに
硬い岩を削るのは
とにかく時間が
かかるのだ

そのため
クリーニングが
追いつかず
学芸員が
優先度を設けて
ノジュール見つけたよ！
発見者
寄贈するよ
寄贈者
これは「恐竜」かも！
これは――
よく見つかる
クビナガリュウかなぁ…
高
低
ぺたん
Cleaning…
優先度の高い物から
クリーニングが
行われていた

早く研究に使えるように優先度を上げますが
クリーニング技師が1人しか居ないので気長にお待ちを…
クリーニング技師 下山さん
大変だー!!
お願いします!
佐藤は再訪を約束し博物館を去った

1年後――
むかわ町穂別博物館
佐藤さん!お待ちしてました!
むかわ町
今日は学生のフィールドワークで北海道に来たんですが
ついでにクビナガリュウの化石も見せていただこうかと

なかなか作業が進まないようで
ご依頼された1年前の標本も
まだクリーニング中なんですが…
ギィ…

いえいえちょっと確認しにきただけなんで
穂別にいる間ちょくちょく寄らせていただけますか?
作業してますんで何かありましたら声かけてくださいね

佐藤は時間があれば博物館に寄って標本を確認した
標本を手に取りじーっと眺めていると見えてくることが多い

頭の中でこれまで見てきた他の標本や論文と比較するのだ
そして滞在最終日「椎骨」の標本を見ていた時――

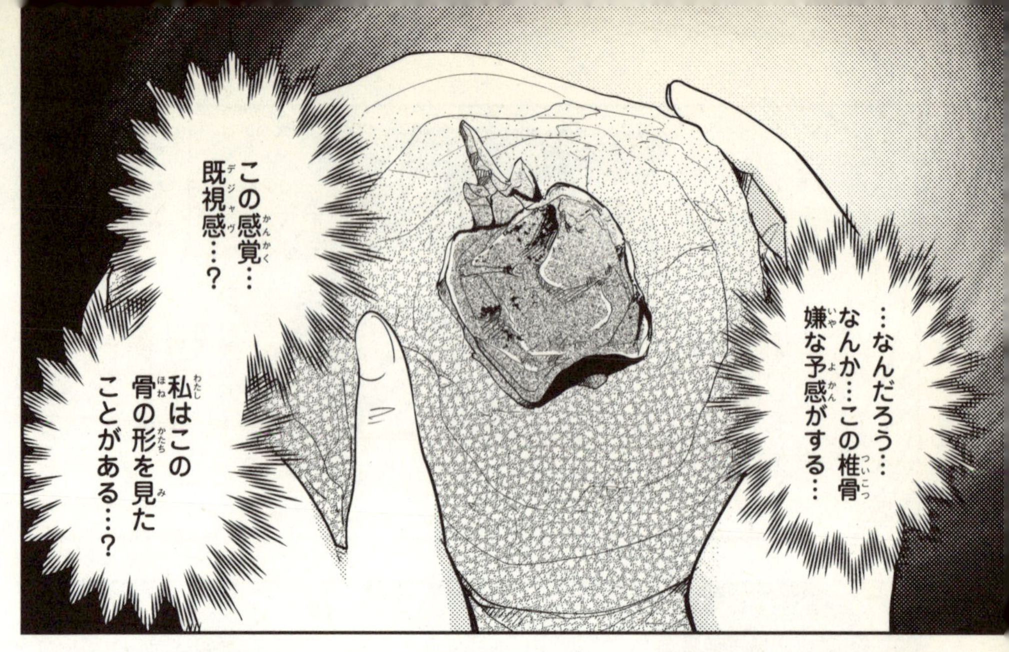
…なんだろう…
なんか…この椎骨
嫌な予感がする…
この感覚…
既視感…？
私はこの
骨の形を見た
ことがある…？

でも
クビナガリュウ
じゃない
気がする…
いつ？どこで？
私はこの椎骨を
見た…？

カルガリー大学
カナダ
これ本当に
クビナガリュウ…？
カナダ！
私が論文を
書くきっかけに
なった

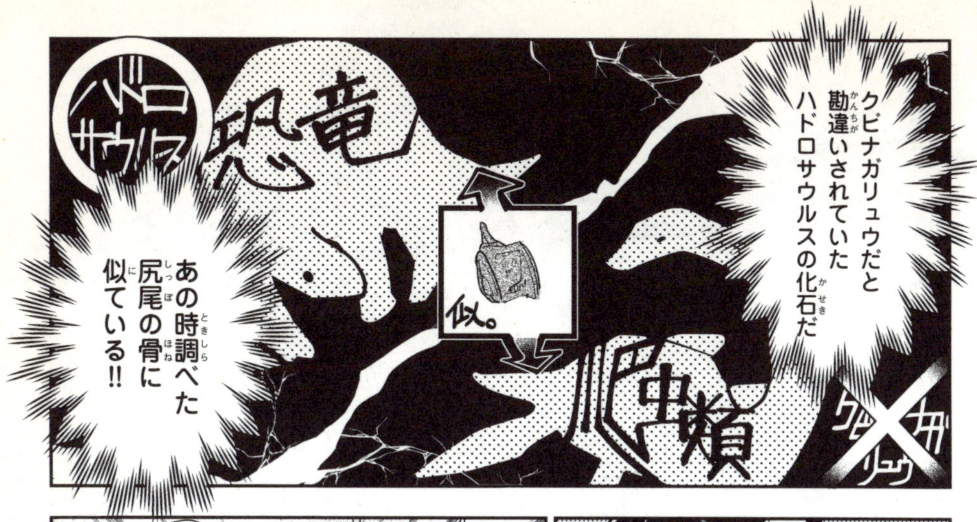
クビナガリュウだと勘違いされていたハドロサウルスの化石だ
あの時調べた尻尾の骨に似ている!!
ハドロサウルス
恐竜
似。
爬虫類
クビナガリュウ

あ
もうちょっと骨が露出してたら
アタリかハズレかわかるのに…!!

…どうしよう帰りのバスの時間もあるけど
駄目!このまま帰れない!
も――!

櫻井さんちょっといいですか?
はい?どうかされましたか?

もうちょっとで分類のポイントが見えそうなので
クリーニング私がしてもいいですか?
へ?ええどうぞ…

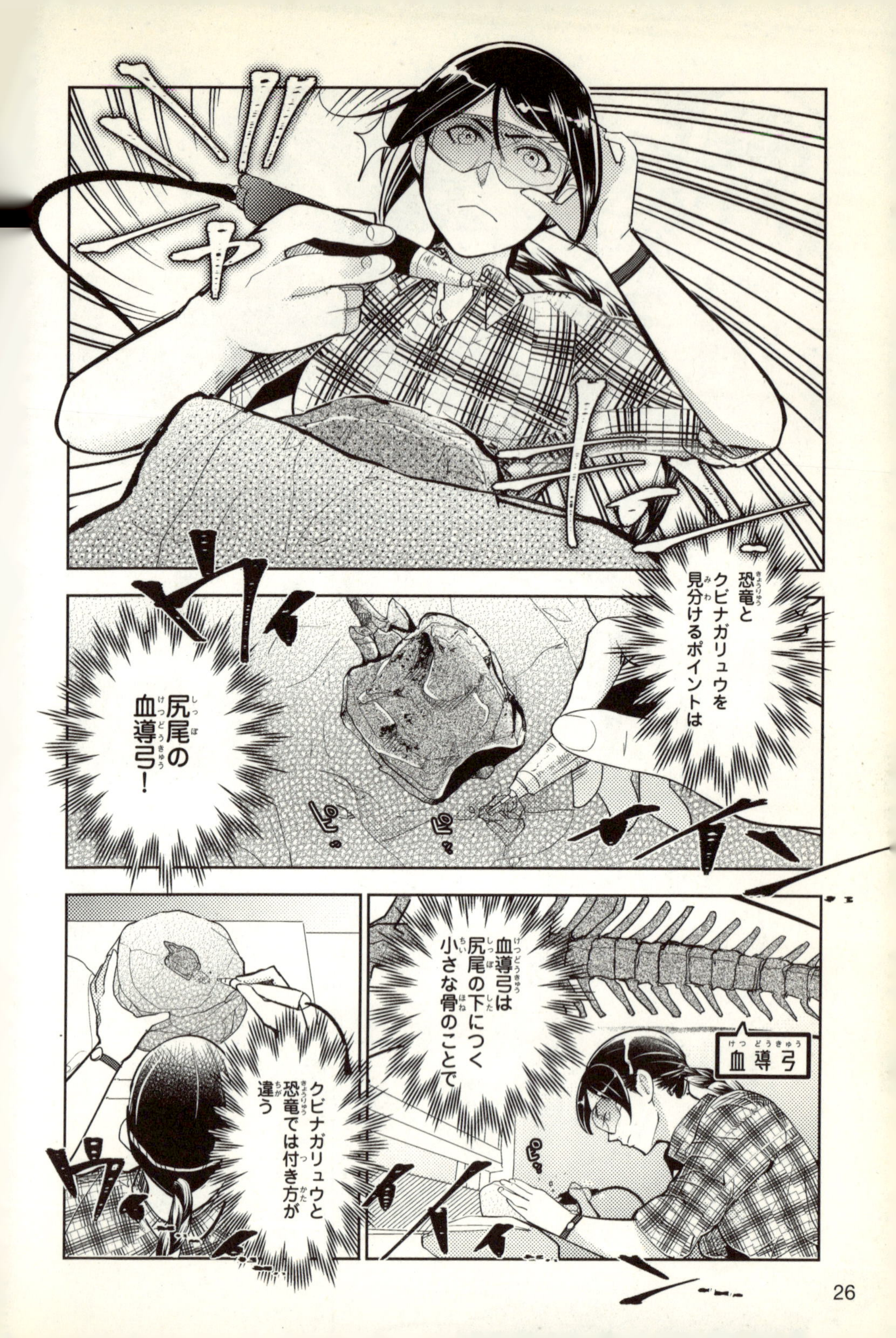
恐竜とクビナガリュウを見分けるポイントは
尻尾の血導弓！
血導弓は尻尾の下につく小さな骨のことで
血導弓
クビナガリュウと恐竜では付き方が違う

ガ
クビナ弓
血導弓
ハの字型
ハドロ弓
血導弓
くっつく
クビナガリュウなら
「ハの字」に
下部が広がり
恐竜なら下部が
くっついている…!
ヴィイー…
…正直私は
クビナガリュウ
の方がいいし
ビッ ビッ
この椎骨の形で
クビナガリュウなら
日本で見つかってない
タイプかもしれない
ヴィイー
どちらにしろ…
この化石は
歴史を変える
可能性がある
さぁ…広がるか
くっつくか…
パキ
ピキ
パキャッ
ピッ
ピッ
ヴィイー

くっついてる…
空振りか
クビナガリュウじゃないなら
私の出る幕じゃない
あーーーあ…
残念…
…でもこれって
恐竜の骨よね…
だとしたら
大ニュースに
なるわ
ピッ
ピッ

福井県はじめ日本でも次々と恐竜化石は見つかっているけど
フクイラプトル
Fukuiraptor kitadaniensis
商標登録まで進める自治体もあるし
恐竜化石は町おこしの起爆剤になっている…
恐竜化石が欲しいと…！
ハッ
カチッ
少なくとも櫻井さんは喜ぶわね！
軽々しく「恐竜」と判断してはいけないわ
早速…いやちょっと待って

「恐竜化石」は影響力が大きすぎるため
情報が自治体やマスコミに流出すると
「情報」が独り歩きしてしまうこともある
加えて——こんなことも
うーん この特徴…
恐竜化石っぽいかも…
恐竜!?
恐竜化石だったらカネになるぞ
今から宣伝うってお客さんを呼ぼう!
ウチの市から恐竜の化石が出ましたよ
いらっしゃいませ
看板も作って像も作って博物館も作っちゃおう!

しかし その後 化石の解析が進み…
ブルブル
盛り上がってるのに 申し訳ないんですが あの化石は…
恐竜ではなく 特徴が似た 別の 爬虫類のようで…
ガーン
ブルブル
えぇー!? 今さらそんなこと 言われても
ブルブル…
竜発見!
恐竜の化石は 学術的・商業的 価値の高さから
「恐竜」と断定 するのにも 専門家の精査が 必要とされるのだ
作った箱物 大量につぎこんだ 宣伝広告費
これどう なるんだよ…
謝罪記事かかなきゃ…
すいません
私は恐竜の 専門家じゃない
私の判断が 間違っていたら 取り返しが つかない…
カッ
情報を知る 関係者の 数は最少で…
櫻井さんにも それを理解して もらわないと いけないわね
カッ
カッ

櫻井さん ちょっと こっちへ来て いただけますか？
あっはい…
この標本の ことで…
ははぁ…
大変残念 なのですが…
あれ？
あー…はい 何かありまし たか…？
これは クビナガリュウでは ありません
たぶん恐竜の 骨です

そそ
それは…
残念でした
ね…っ!!
ガッ!
あはは…
もっと堂々と
喜んでくれて
いいのに…

佐藤先生!
私達はまず
どうすれば!?
恐竜の骨なんて
初めてで…!
よいしょ
そうですね…
この骨は偶然
見覚えがあって
ハドロサウルスの
化石だと思われます

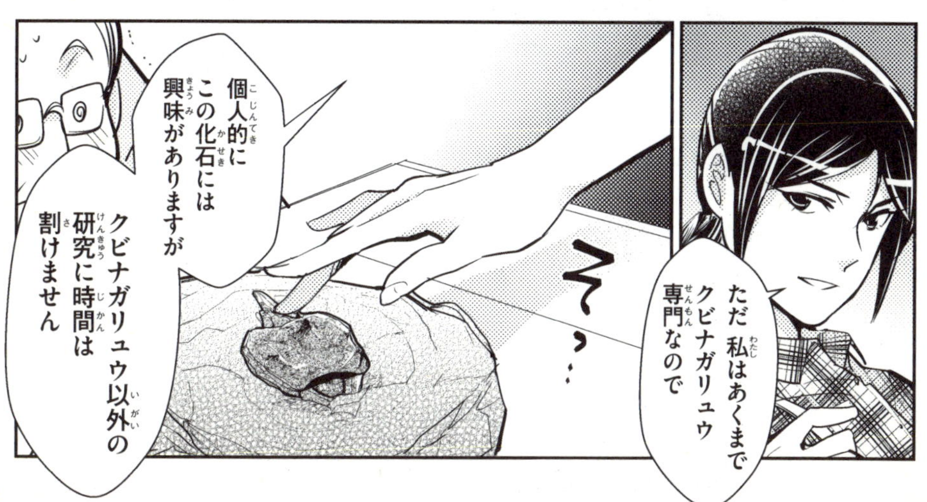
ただ私はあくまで
クビナガリュウ
専門なので
ぞ…
個人的に
この化石には
興味がありますが
クビナガリュウ以外の
研究に時間は
割けません

ゴク
ゴク
恐竜の専門家に
見てもらうことを
お勧めします
それまでは
他言無用です
わかり
ました!!
帰りのバスの時間が
迫っていた佐藤は
そのまま東京に
帰ることとなった

東京——
佐藤たまき研究室
カッ
カッ
あの化石を
見てしまった
以上
誰か…
恐竜の研究者を
推薦して
カッ

あの尾椎骨の
真贋を見極めて
もらわなきゃ
いけないけど
ギッ
フッ…
…これは
運命なのかも
しれないわ

北海道には『あの人』が居る
元気かなー

フィールドでの化石の発見率の高さからついたあだ名が
「隼の目」を持つ男…

日本を代表する恐竜研究の専門家
小林快次が居る！

「北海道の恐竜」に世界が注目する理由

むかわ竜の化石は、北海道にある「白亜紀の海でできた地層」からみつかりました。

北海道は、世界の古生物関係者の間では、「アンモナイトの化石産地」として有名です。種類においても個体数においても、非常に多くのアンモナイトの化石がこの地層から発見されています。

むかわ竜は、全身の多くの部位が残っていたということで、高い価値があるとされています。しかしそれだけではなく、「海でできた地層からみつかった」ということでも大きな注目を集めています。

その理由は、北海道の地層の「時代を決める精度」が非常に高いからです。

恐竜に限らず、化石が発見されると、その化石がいったいいつごろに生きていた生物のものなのかということが大切な情報となります。しかし、地層や化石そのものに「白亜紀後期の後半」などと書かれているわけではありません。研究者はさまざまな手がかりから、その地層がいつのものなのかを特定していきます。北海道から多産するアンモナイトの化石も、地層の時代を決める手がかりの一つになります。

アジアにおける恐竜化石の大産地は、中国やモンゴルです。しかし、中国やモンゴルの地層は、細かい時代まで絞りきれない場合が多いのです。

北海道の地層は、非常に細かい時代まで絞りこむことができます。つまり、化石となった生物が、「いったいいつ生きていたのか」を詳しく知ることができます。

これによって、より多くのことが見えてくるのです。例えば、北アメリカ大陸には、北海道と同じように高い〝時代決定性能〟をもつ地層があります。こうした地層から産出する化石と比較することで、恐竜たちの移動した方向や移動した時期の環境、また、進化などについてもわかってくるのです。

第2話

「発覚（はっかく）」

北海道大学
ザワ…
ザワ…

ザワ…
『エルムの森』と
呼ばれるほど
多種多様な木々が自生する
札幌キャンパス
ザワ…
その中でひと際
重厚感のある
煉瓦造りの建造物
カッ
カッ
北海道大学
総合博物館
カッ
カッ

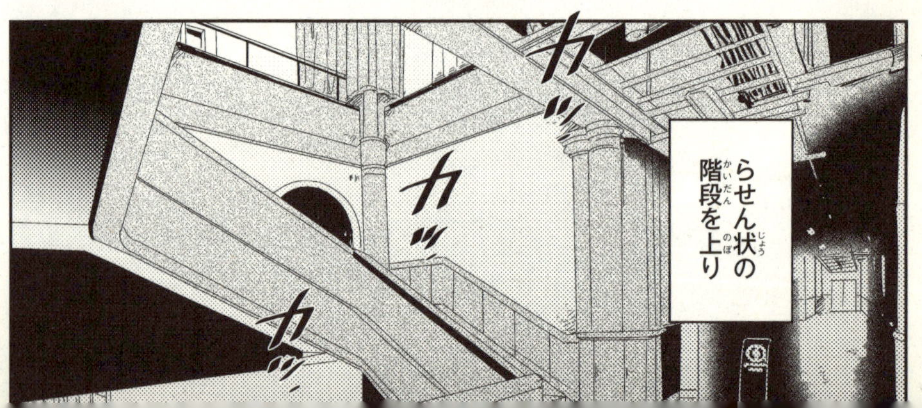
らせん状の
階段を上り
カッ
カッ
カッ

カ
カ
カ
研究棟の奥の奥に――
ガチャ
恐竜研究者にして北海道大学総合博物館准教授（当時）
『小林快次』の研究室は存在する――

小林快次は
多忙である
カナダ
恐竜の化石を
世界の最前線で
研究するため
アラスカ
カナダ アラスカ
モンゴルと
世界中を飛び回る
モンゴル
ヒュオォ…
一年の3分の1を
フィールドで過ごし
蓄積された
知識と経験によって
広大な荒野の中から
でも正確に化石を
見つけ出す──
コト
おっ
骨だ。

世界屈指の化石ハンターなのだ
あっ、コレも。
…肉食恐竜の爪ということは…
間違いないこれも前脚の化石だ
YEAH!!
さすが隼の目!!
野郎ども発掘準備だ!!

南メソジスト大学
SMU
小林は2004年に日本人として初めて「恐竜の研究」で博士号を取得
NEW!!
次々と恐竜の新種や新説を発表し
世界中の恐竜図鑑を塗り替える
DINOSAURS
THE MOST COMPLETE, UP-TO-DATE ENCYCLOPEDIA FOR DINOSAUR LOVERS OF ALL AGES
BY DR. THOMAS R. HOLTZ, JR. • ILLUSTRATED BY LUIS V. REY
その業績が評価され「現代の恐竜研究をリードする33人」に
アジアで唯一選出された

人呼んで『ダイナソー小林』
今や小林快次は世界を代表する古生物学の権威であり
恐竜業界の最前線に立つ第一人者なのだ

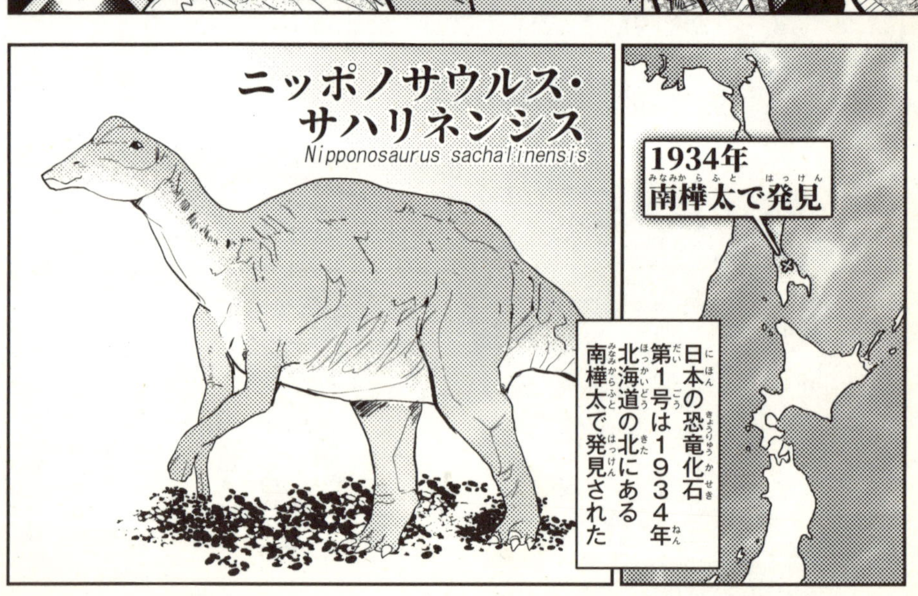

1934年南樺太で発見
日本の恐竜化石第1号は1934年北海道の北にある南樺太で発見された
ニッポノサウルス・サハリネンシス
Nipponosaurus sachalinensis

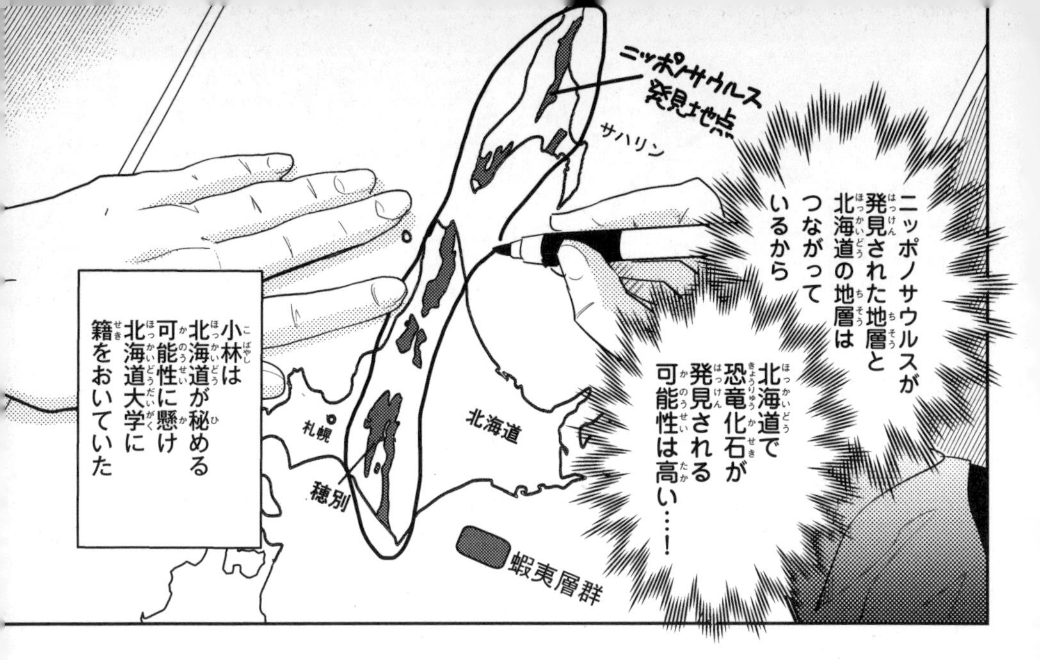
ニッポノサウルス発見地点
サハリン
北海道
札幌
穂別
蝦夷層群
ニッポノサウルスが発見された地層と北海道の地層はつながっているから
北海道で恐竜化石が発見される可能性は高い…！
小林は北海道が秘める可能性に懸け北海道大学に籍をおいていた

2011年9月6日
カタカタ
カタカタ
1通のメールが小林の元へ届く
ピコン
Hotmail
受信トレイ
すべて
櫻井　和彦
穂別産脊椎動物化石
穂別博物館の学芸員——
櫻井和彦…

4年前――
2007年
お願いします！
小林さん！
ぜひ見てほしい
化石がありまして
わかりました！
恐竜の骨かも
しれないと
言われている
のですが
恐竜なら
多いハズ…
海綿質
緻密質
断面
小林も
持論を証明する
化石かと期待して
研究を進めたが
…大きいけど
緻密質が
ほとんどないな…
残念ながらこの
化石は恐竜では
なさそうです…
ガリッ
ああ……
そうですかぁ…

あの後も
何度か穂別に
行ったけど
恐竜化石に
関する進展は
なかったな
カチ
カチ
見ていただきたい
標本があって
ご連絡しました
…函淵層
…蝦夷層群
三笠
夕張
函淵峡谷
稲里
穂別
鵡川
大夕張～穂別地域
本標本は 以前に
穂別稲里にて
採集されたもので
地層は
函淵層と
思われます

標本は分割したノジュールに含まれており
本来は連続していたものと思われ11から12個ほどの椎骨からなります
クビナガリュウの化石かと思い
先日来館された佐藤たまきさんに見ていただいたところ

「ハドロサウルス類の尾椎ではないか」とのご指摘をいただきました
もちろん→知り合い
佐藤さんのお墨付き…!?
添付ファイル
小林先生
お世話になっています。
見て頂きたい標本があって、ご連絡いたしました。
カチ
カチ
添付画像…ッ!

ドク!

おお!!
ガタッ

写真に写るのはクリーニング済みの尻尾の骨2つと
クリーニング途中のノジュールが1つ…
間違いない恐竜だ…
状態も悪くないぞ…！
一刻も早く見に行かなければ…
穂別博物館へ！
しゃあ!!
小林は櫻井に訪問の意思を伝え多忙なスケジュールを調整した

2011年9月20日
穂別博物館
こんにちは!!
お待ちしてました！
さあさあ こちらへ！

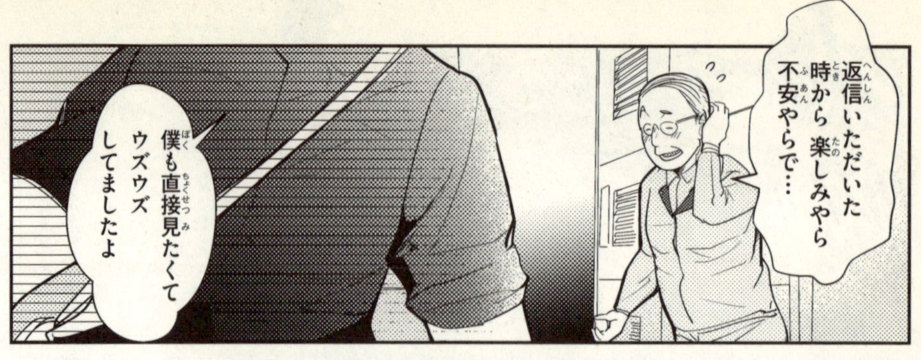
返信いただいた時から楽しみやら不安やらで…
僕も直接見たくてウズウズしてましたよ

どうぞご覧ください

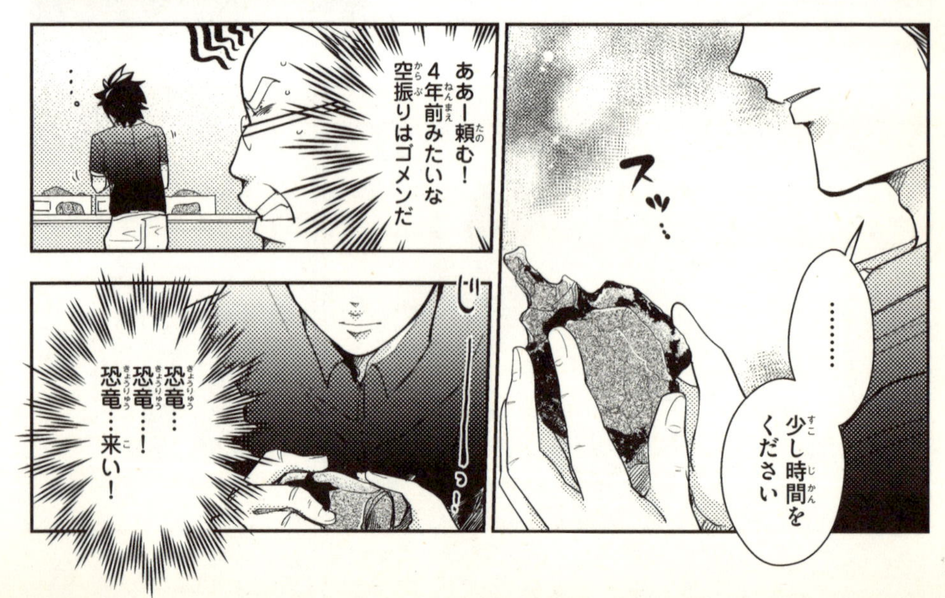
スッ…
………
少し時間をください
ああー頼む！4年前みたいな空振りはゴメンだ
…。
じー
恐竜…恐竜…！恐竜…来い！

…………
おめでとうございます
これは恐竜の化石です
わっ…
やったああ――!
骨密度が高く劣化が無い
特徴がはっきりしている
この骨からでもいくつかのことがわかります
骨の密度や発達具合で
この標本はおとなの骨であること
コンコン

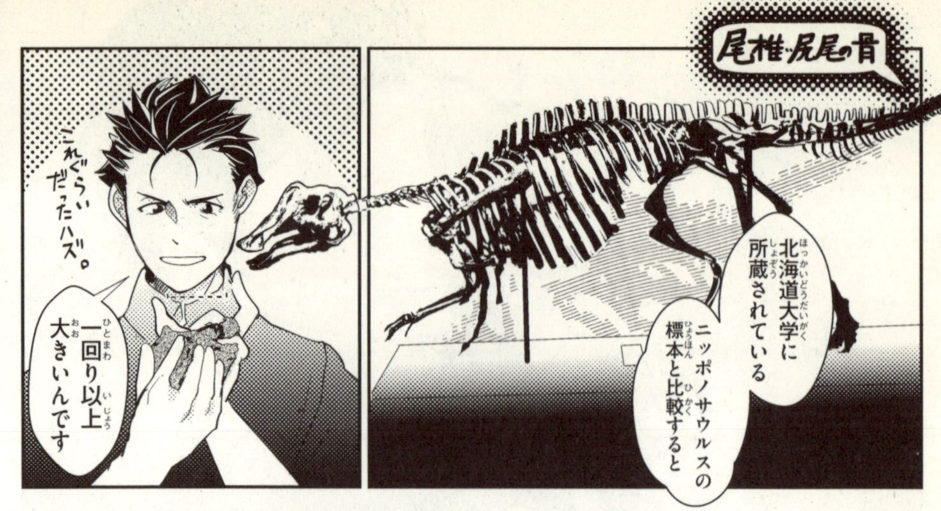
尾椎…尻尾の骨
北海道大学に所蔵されている
ニッポノサウルスの標本と比較すると
これぐらいだったハズ。
一回り以上大きいんです

つまり全長値は6~7mに…
達するかもしれません
ニッポノサウルスの全長値
4m×1.5=6m!?
デカッ!!

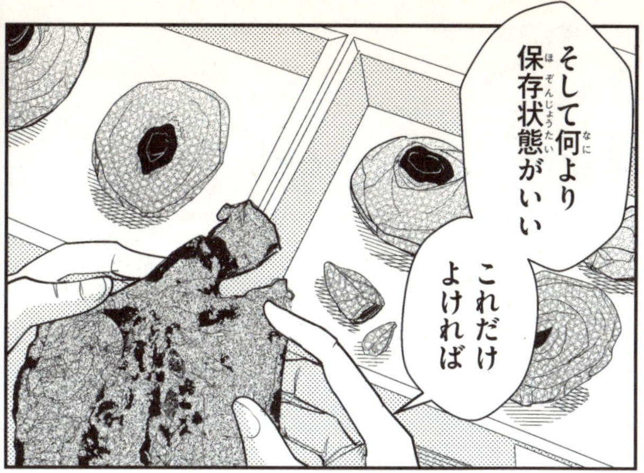
そして何より保存状態がいい
これだけよければ

他の部分が残っている可能性もあります

ま まだ他の化石が埋まっている!?
!?

夢みたいだ…!
…ただ 確認用に標本をいくつかお借りできますか?
ええ!? もちろん構いませんけれど何か問題が…!?
佐藤さんの予想通りハドロだと思うんですが
「恐竜」の化石は影響が大きいので軽々しく断定はできません

確認ができ次第
化石が採れた
現場に行きましょう！
残りの化石を
探すんです!!
はい！
我々も準備を
しておきます！

……
小林快次の研究室
ゴトッ
さて 恐竜化石
というのは
ほとんど間違い
ないから…

一体どんな
恐竜なのか
同定
しなくちゃ
いけないな

標本の種類を
特定していく
作業を
「同定」という
え――っと…
尾椎関連…
「恐竜類」には
直立歩行する
爬虫類という
特徴があるが

恐竜類
鳥類
トリケラトプス
他の竜盤類
他の鳥盤類
鳥盤類
竜盤類
トリケラトプスと鳥類の共通の祖先
さらに大きく2つのグループに分類される
1つはティラノサウルスなどの肉食恐竜や鳥類を含む竜盤類
もう1つはトリケラトプスを代表とする鳥盤類だ

恐竜類
鳥盤類
竜盤
鳥盤類であることは間違いないんだが

ぺた。
とにかく1つでも多く判断材料を探さなければ

同定は推理ゲームのようなものだ
濃い出汁は何入ってるかもわからへんわ!
ある人物の出身国を調べなきゃいけない場合
関西出身だと同定できれば日本出身であるといえるように
発達具合で亜成体〜成体の骨
竜盤類ではない
全長は6〜7mと予想
断面は六角形
ッポノサウルスと比べて大き
鳥盤類の可能性が高い
この骨がハドロサウルス科の「鳥脚類」であることを同定できれば
その前段階である鳥盤類の恐竜だということができる

とにかく尾椎のことを何でも調べて推理材料を集めなければ
ド!

だが尾椎について詳しく書かれている論文はほとんどなく
やっと見つけ出した論文にはこんな一文が記されていた

ハドロ
サウルス
ハドロサウルス科の尾椎は その断面が六角形である
ス…
六角形
鳥盤類-角竜類
トリケラトプス
ハドロ
サウルス
ちなみに角竜類の尾椎の断面も六角形である
角竜類とは
ハドロサウルス科と同じ
鳥盤類に属する
角とフリルが特徴の
植物食恐竜である
スッ…
この尾椎も六角形だ

角竜類も六角形だったか…
危ない危ない
6~7mの
恐竜化石の
可能性
ハドロサウルス発見有
＞
角竜類発見無
しかしアジアでは6~7mの角竜類は発見されていない
だからハドロの可能性は高いと思うんだが…

新種や突然変異だったら？
角竜類である可能性を完全には排除できない…!!
…こうなったら世界中の知恵を借りるしかないな

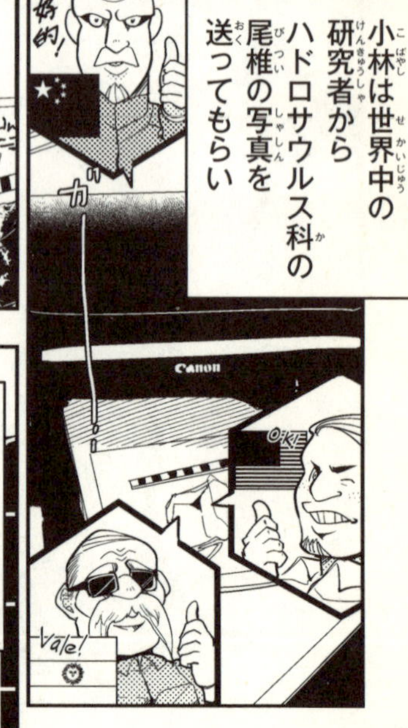
小林は世界中の研究者からハドロサウルス科の尾椎の写真を送ってもらい
好的！
ガー
Canon
Vale!

尾椎の幅と高さ そして
尾椎の上下にある突起の長さの比率を採りグラフ化していく
上部突起
下部突起
ハドロサウルス尾椎
カタカタ
カタ
カタ

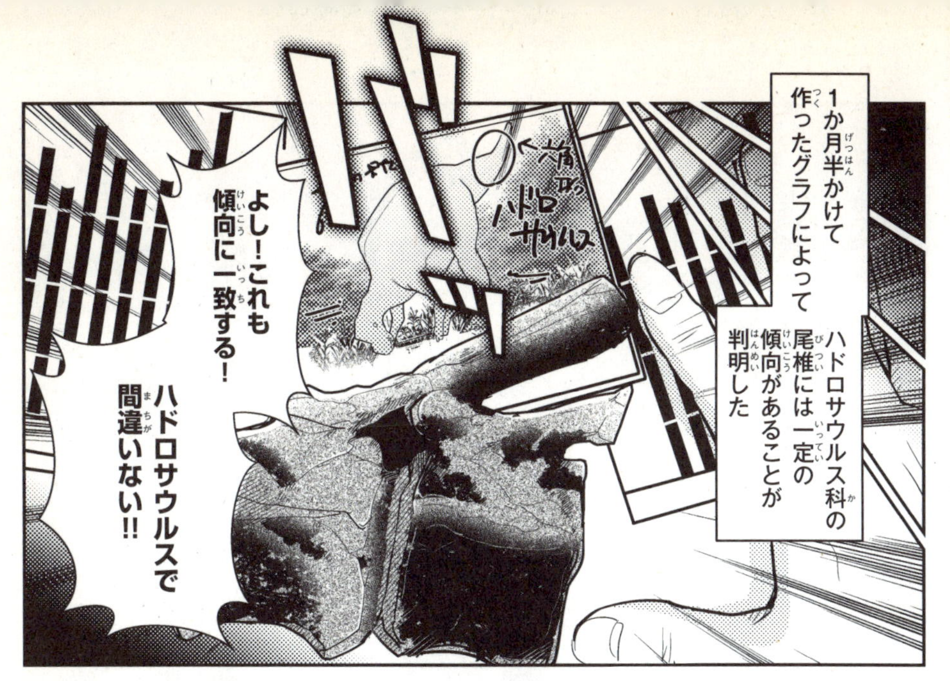
1か月半かけて作ったグラフによって
ハドロサウルス科の尾椎には一定の傾向があることが判明した
よし！これも傾向に一致する！
ハドロサウルスで間違いない!!

ハドロサウルスと確定できれば
恐竜の化石であることは疑いようもない
北海道から…恐竜の化石が産出したんだ！

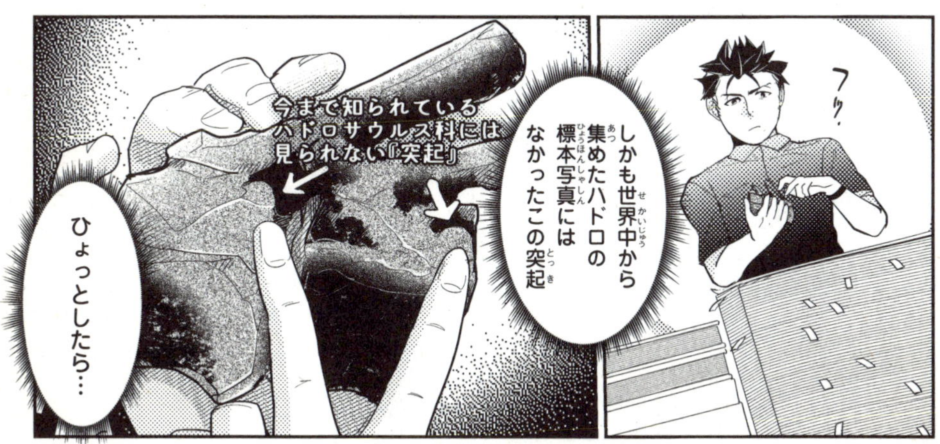
フッ
しかも世界中から集めたハドロの標本写真にはなかったこの突起
今まで知られているハドロサウルス科には見られない『突起』
ひょっとしたら…

ドクン…
新種かもしれない！
ドクッ
ドクッ
そうなれば日本の古生物学史を塗り替えることになる…！
ドクン…！

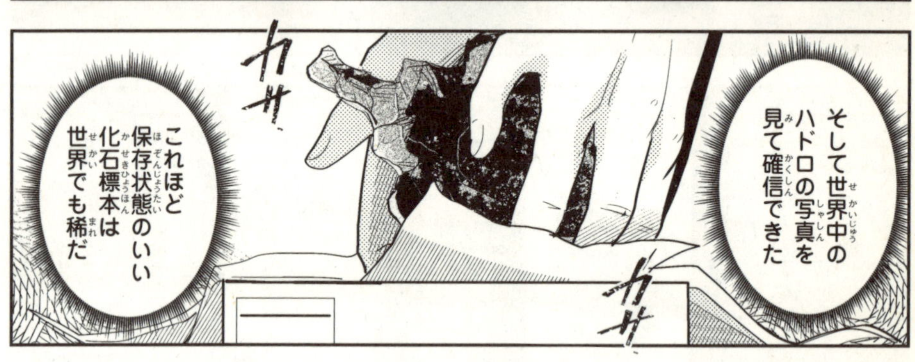
そして世界中のハドロの写真を見て確信できた
カサ
カサ
これほど保存状態のいい化石標本は世界でも稀だ

特徴がわからない。
ボロに
ボロに
保存状態の悪い化石は風や水に晒されて
骨がバラバラに散っていることを示唆する
河海など
保存状態がいい化石は何千万年も穏やかな状態で化石化した――
すなわち…骨格が崩れずにノジュールに覆われていることも多い
地層

とにかくこうしちゃいられない！
早く追加調査の予定を立てなければ！
化石をハドロサウルス科の恐竜と同定した小林は穂別博物館へ向かった

むかわ町穂別
堀田さん覚えてる？
寄贈してくれた化石のことだけど

寄贈って…いつの話をしとるべや
アンモナイトの化石でも寄贈したかい
違う違うほら8年前に…
クビナガリュウ
クビナガリュウの化石かもって寄贈してくれたじゃない！

8年前…ああ
思い出した！
そたら昔のこと
忘れとるしょや
パチッ
発見者
堀田良幸

実はその化石が
クリーニングされて
その…
ひょっとしたら
大変なことに
なるかも
しれない

？
大変？
なした？
いやあの…
その…
もしかして！
カメだったべや？
最近穂別で
新種の化石が
出たって…
メソダー
モケリス
Mesodermochelys
あのね…

佐藤さんにも言われたと思いますが。
外部に情報が漏れるリスクは避けたいです
恐竜化石かわからない状態でメディアや行政に騒がれるのはまずい
実は…きょっ…

あわ
「発見者」であっても情報は秘匿してください
あわ
きょ?
もしかしたら大きなニュースになるかも…
もう少しはっきりしたらまた来ます

化石収集者堀田良幸氏が発見した化石は
『堀田標本』と呼称され
なーにをはんかくせー
近いうちに発掘現場へ行きましょう!
標本の再評価を転機にむかわ町の未来が変わり始めたのである

最新機器が投入される恐竜研究

「恐竜の研究」と聞いて、どのような光景を思い浮かべるでしょうか？

野外を歩き回り、化石をみつけて発掘し、研究室でも化石とにらめっこ。

たしかに、この風景はもう100年以上も変わっていません。しかし、恐竜研究にも、さまざまな最新の科学技術が導入されています。

たとえば、野外では、みつけた化石を掘り出す前に、かつては詳細なスケッチを描いていました。現在でもスケッチは描かれていますが、デジタルカメラで撮影してその場でプリントアウトし、その写真に書き込むことはもちろんのこと、場合によっては真上から俯瞰して撮影するために、ドローンを使うこともあるとか。

研究に関しても、3Dスキャナーを使って化石をデジタルデータ化したり、CTスキャンをして、化石を壊さずにその内部を調べたりすることが行われています。こうしてデジタルデータにすることで、これまでは研究者間で議論をするときに一堂に会さなくてはいけなかったことが、インターネットを通じて行えるようになりました。もちろん、重要な議論などは実際に標本を見ながら進めますが、インターネットを使うことで従来よりもかなり迅速に研究が進むようになっています。

また、近年精度を上げてきている3Dプリンターも導入されています。化石のデジタルデータを「プリントアウト」することで、そっくりの標本をつくることができるようになったのです。

もちろん、こうした技術の多くはまだ発展途上です。現在は、従来からの技術と最新技術の両方が使われて、研究が進められています。今後、続々と新たな機器が恐竜研究にも導入されることは疑いなく、これまでは想像するしかなかったことも、科学的に解明されていくことになるでしょう。

第3話

「発見（はっけん）」

2011年
11月10日
小林快次は
穂別博物館を
再訪する
!?
堀田さんの
化石標本が
恐竜の化石!?

ハドロ
サウルス科
ええ 鳥脚類の
ハドロサウルス科
と確認
できました
あ━━ッ!?
…確かに
なまらすげぇ
ことだぁ…
でしょ!?

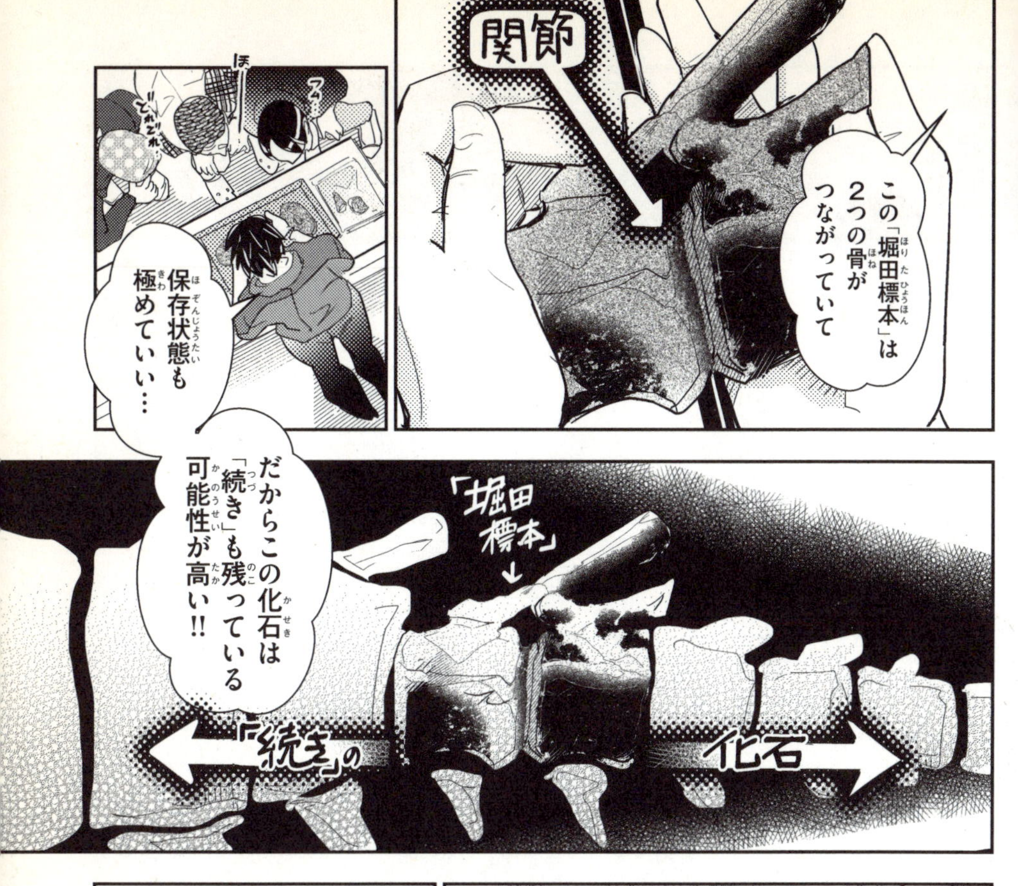
関節
この「堀田標本」は2つの骨がつながっていて
フム…
ほー
どれどれ
保存状態も極めていい…
だからこの化石は「続き」も残っている可能性が高い!!
「堀田標本」
「続き」の
化石

堀田さんこの化石を発掘した時に
他にも化石がありませんでしたか?
「堀田標本」
発見地点
…んーしたっけ小林さん
うっ
櫻井くんも同行したから知ってるしょや?

小林先生…化石とかそれらしい物は
8年前にすべて現場から持って帰ったんです

チリ…
ザッ
カラ…
堀田が化石を発見した現場は一般道から2キロメートル進んだ崖だった
ザッ
コロ…

熊出没注意
頻繁に熊が出没するため熊除けの鈴を鳴らしながら
チリ
カラ
時折崩れた林道を進んでいく
ザッ
カラ…

堀田さん…
ほ？
カラ…
カラ…
ム…
そもそも
どういう経緯で
化石を見つけた
のですか？

8年前——
2003年 春
おっほっ
ほっ おっ
俺は骨の病気に
かかって歩けなく
なっちまってよ
病気は
治ったんだが
リハビリ散歩を
すすめられたのさ
その時選んだのが
趣味の化石採集で
歩いていたルート
雪が残っていた
林道を歩く
ことにしたんだ
しばれるね——
ザク
ザク
ザク
リハビリを
始めて4日目
4月9日——
ふと顔をあげると

ザワ…ザワ…
日にあたって雪が溶けてる崖があってさ
いつもの癖で化石がねぇか探したんだ
ザワ…
ザワ…
したらノジュールが顔を出しててよ
リハビリ中だってのに化石好きの血が騒いでさ
ピッケルで足場を作りながら登ったんだ
ザク
ザク
ザッ
ザッ!
ガッ
ザク
おっ
ノジュールは全部で7個あって

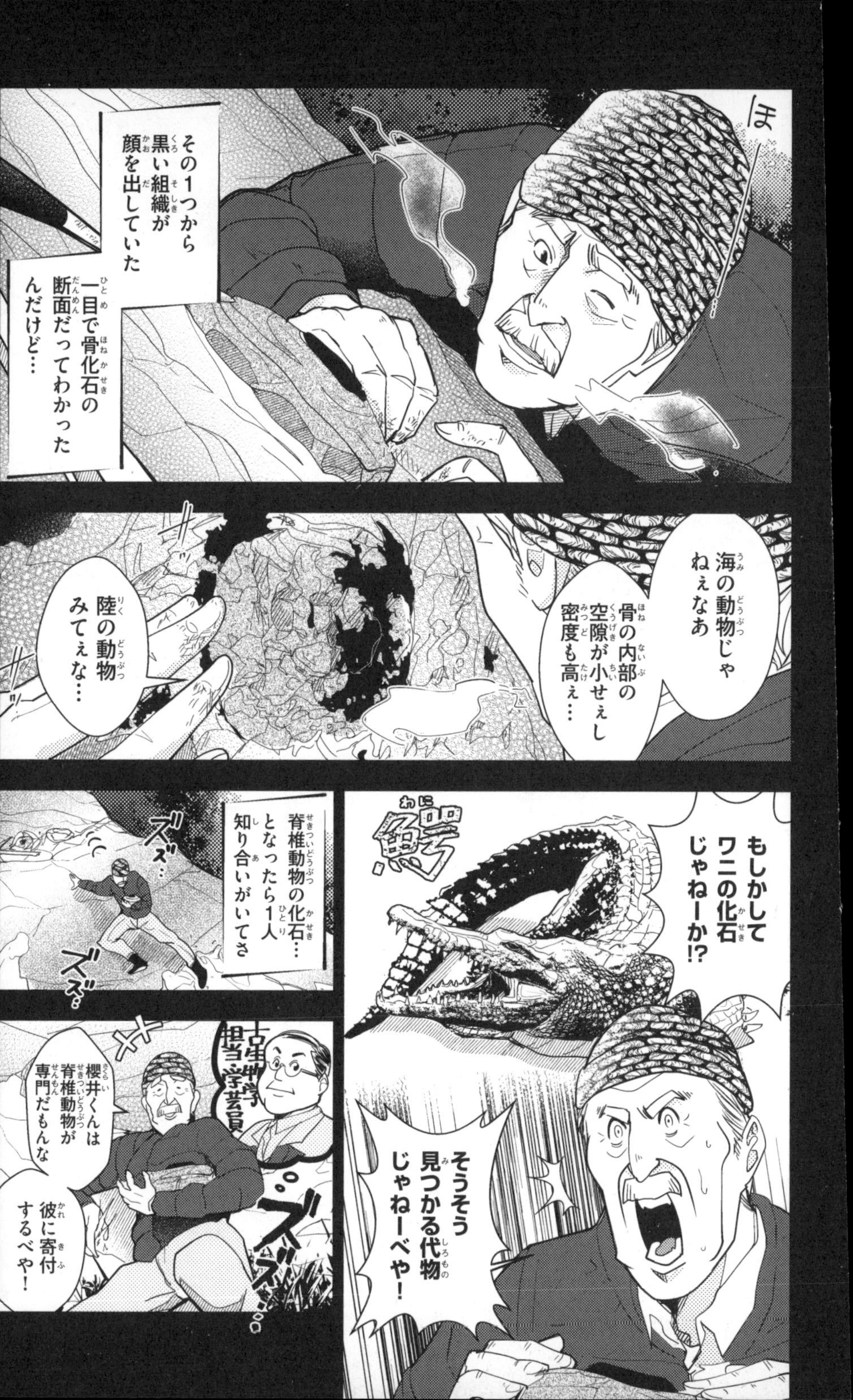

ほ…
その1つから黒い組織が顔を出していた
一目で骨化石の断面だってわかったんだけど…
海の動物じゃねぇなぁ
骨の内部の空隙が小せぇし密度も高ぇ…
陸の動物みてぇな…
もしかしてワニの化石じゃねーか!?
鰐
脊椎動物の化石…となったら1人知り合いがいてさ
ズズ…
ズズ…
そうそう見つかる代物じゃねーべや!
古生物学担当学芸員
櫻井くんは脊椎動物が専門だもんな
彼に寄付するべや!
ズズ…

リハビリの途中
だったから
他の化石収集者に
持ってかれねーように
ノジュールを
雪の中に埋め
ザワ…
ザワ…
すぐ穂別博物館に
回収隊を組織して
もらって
回収したんだ
コト…
コト…
櫻井くん！もう
目ぼしい化石は
ないしょや
キョロ
キョロ
ええ…
ないですね
この化石 たぶん
クビナガリュウだと
思うんですよね
ザワ…
ザワ…

これまでにいくつも見つかってますし
これは情報量の少ない脊椎骨ですね
珍しくはなさそうだしクリーニングは後回しにされると思ってたら…

8年も待ちぼうけ
それが恐竜の化石たぁなぁ
すいませんまさか恐竜とは思わなかったですー
ザッ
ザッ
ノジュールが他にないか周りも探したし
いまさらあそこに何かが埋まってるとは思えねーんだ
ザッ
ザッ
…でもあの保存状態なら「先」があるはずなんだ…

とまぁこんな感じさ
ザッ

ザワ…
ここです
小林さん
ザワ…

…手前に沢が
流れている
ザラ…
ザラ…
小林さん 実は私
この調査の前に
地層がむき出しに
なっている位置…
「露頭」の再確認と
地層の状況を
把握するため
ここに来てるんです

穂別博物館で働く
西村智弘は
古生物学者でもあり
地質学者でもあった
調査結果はどうでした?
この露頭の地層は函淵層群です

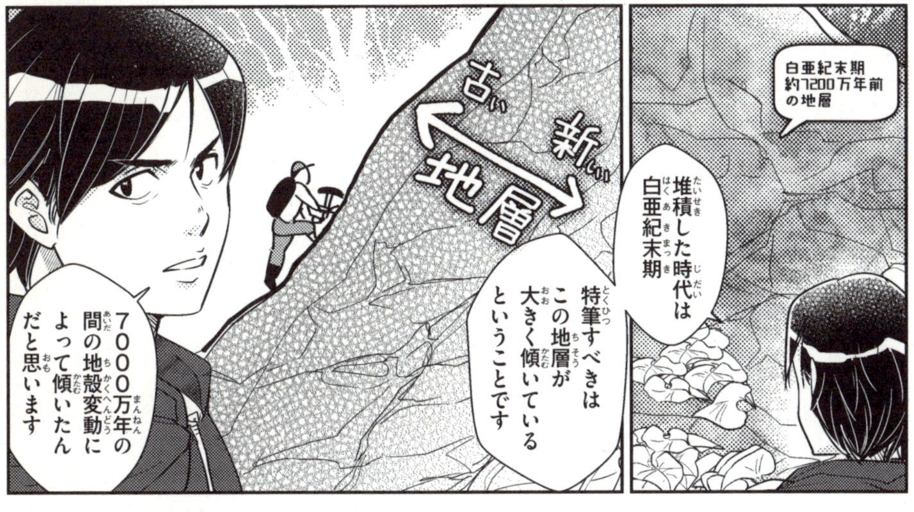
白亜紀末期
約7200万年前
の地層
堆積した時代は白亜紀末期
特筆すべきはこの地層が大きく傾いているということです
古い
新しい
地層
7000万年の間の地殻変動によって傾いたんだと思います

その調査の時に私もかなり歩き回ったんですが
それらしいノジュールは見つけられませんでした
ないな…。
ノジュールはなしか…
当てが外れた?
フム…
いや…ここを見た時から
俺のカンが告げている

ドクン…
ドクン。
ここは……「当たり」だ
ドクン…

ザッ
堀田さん ノジュールは どの辺で 見つけましたか
たしか上の方… したっけ 8年前だし…

だべ？
ここだと 思うんだ
…ちょっと 削って みましょう
ガキン
ザッ
どう…かな？
ザッ

ザグ
どう…か！
ええっ!?
ここにありますよ！
えっ嘘!? どこですか!?
……え？
そうか！ 穂別はアンモナイトがよく採れるけど
地層の関係でノジュールに包まれていることが多い
え？え？
この黒いシミが…化石？
は——？

だから
ノジュール=化石と
思いこんでしまい
化石
と、いえば
ノジュール
むき出しのまま
埋まっていた化石を
見逃していたのか…!
地層の中に
まだありますね
とはいえ…
この化石を
掘り出すのは
厄介そうだな

発掘は周囲の
岩石ごと
掘り出すのが
大前提
化石
研究室で
取り出す
その後
研究室で慎重に
化石を削り出す

仮にむき出しの状態でも
カキーン
「硬」
化石が硬ければ周囲を削って取り出せるが
状態が悪ければ化石ごと壊れる可能性もある
「脆」
ボロッ…

パタタ
ポッ
ポッ

降ってきましたね…
どうしますか?
サァ
サァ
とりあえず土を被せて保護しましょう

…雨水でも崩れそうな状態だな
続きがあることを確認できただけで御の字ですし
もう11月です発掘準備をしてたら冬が来ます
サァ
続きは来年にしましょう

後日 櫻井たちは
化石をアクリル
樹脂で保護し
雪解けを待って
再調査の予定を
立てた

2012年
5月15日
北海道に遅い春が
やってきたころ
小林快次と
穂別博物館の
合同調査が
再開される

メンバーは
前回と同じく
櫻井 堀田
西村 下山と――
ギィ
おっ
小林先生だ
って…
もう1人
誰かいるけど…

皆さんどうも
それと…
こちらはNHKのディレクターさんです
どうも。
NHK!?
どうも…
ほー
私は知ってた。
私が声をかけたんです
映像記録を残してもらおうかと
今日は大発見に出会えるので

ガチャ…
ガチャ…
現状 恐竜の化石が出てくるのは確実です
ただ確信を持てないのは土の中の化石が
尻尾の先なのか胴体なのかということです

2011年11月10日
発見!
堀田標本の続きである黒いシミは確認できましたが
カラ
カラ
どんな骨かまでは判別がつかない状態でした
堀田標本はおそらく尻尾全体の中間部分…
堀田標本

尻尾がどちら側を向いているかで
斜面
地中に埋まっているのが「尾椎の先端」だった場合
堀田標本
埋まってる骨の量が大きく違ってくる
地中に埋まっているのが「胴体側」だった場合
沢

ガラ…
現場は急斜面の崖で手前には沢がある
埋まっているのが尻尾の先なら
身体の大部分は沢に削られているでしょう
ガラ…
ガラ…

その場合でも保存状態のよさと恐竜化石という点から
「関節した尾椎標本」として大発見ですが
「関節した尾椎骨」
ガラ…
ガラ…

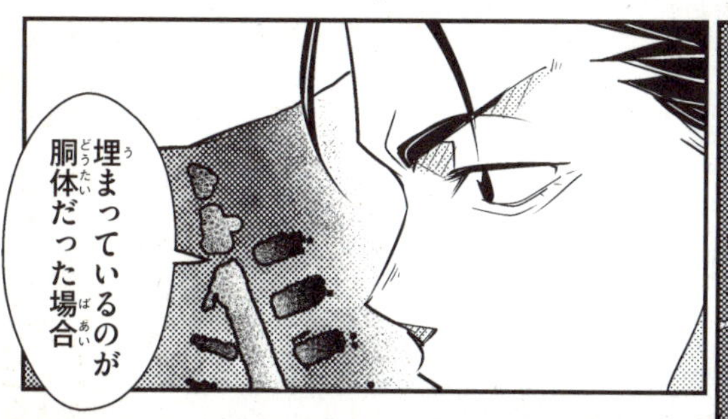
埋まっているのが胴体だった場合

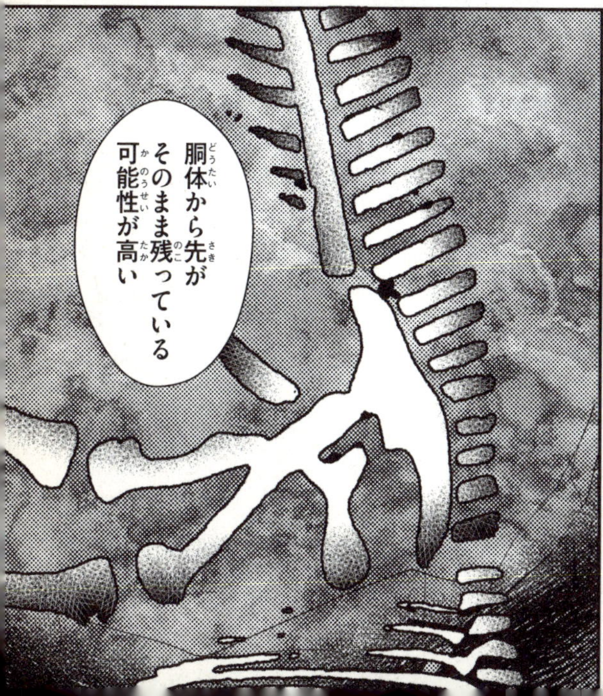
胴体から先がそのまま残っている可能性が高い

ザク…
もし全身骨格が見つかったら
日本初の大発見になるんです
ザク…

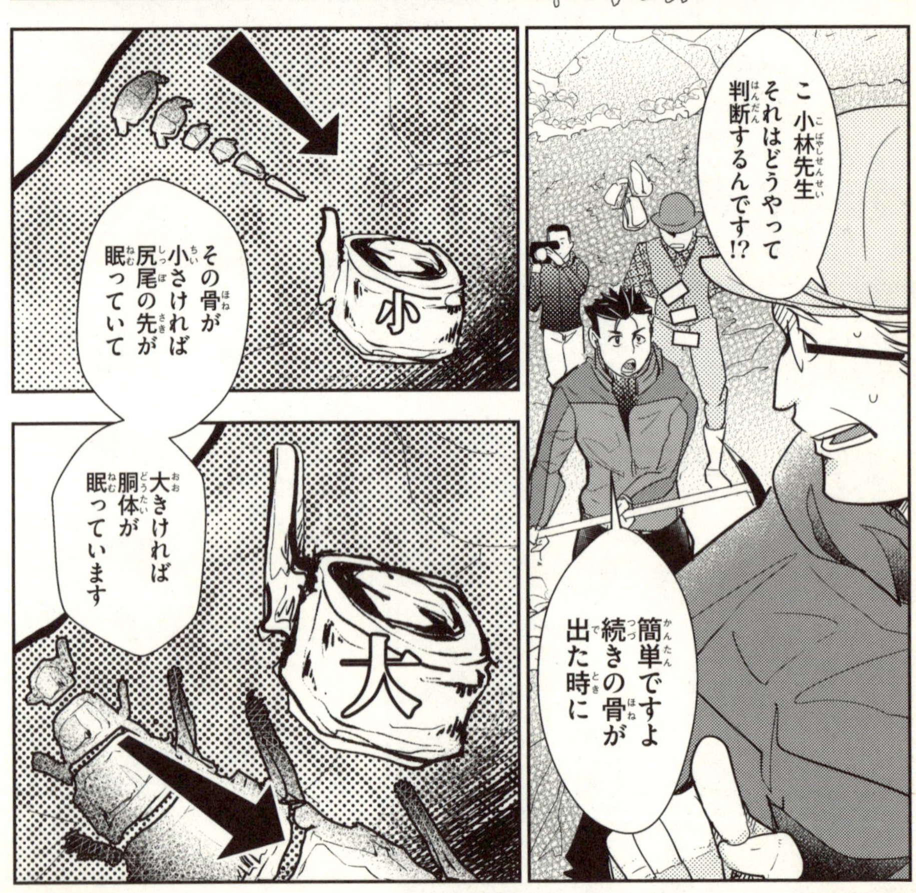
こ小林先生それはどうやって判断するんです!?
簡単ですよ続きの骨が出た時に
その骨が小さければ尻尾の先が眠っていて
小
大きければ胴体が眠っています
大

胴体であろうと
尻尾の先であろうと
続きは絶対にある
ガッ
ガ!!
ハッ ハッ
交代しよう!
小林の
確信めいた
予想に反し
ガッ ガッ

ガ!!
何も出て
こない
ガッ

背後では
カメラが回り
無言の
プレッシャーが
漂う中
ガッ!!
ピッケルが
土を砕く音
だけが響いた

──見つからない
ザッ
ザッ
でも次の瞬間に骨に当たる可能性を考えれば
焦りからくる荒い作業は許されなかった
緊張と沈黙がその場を支配した──
その時
ザッ
ザクッ
ザクッ
ザッ
小林先生！
ガッ
カッ
むき出し…茶色い！
周りと色が違う
骨だ！骨が出た！
カッ
カッ

でかい…!!
スッ
堀田標本よりもさらに大きい…!
この…尻尾の奥には

全身が残っている
可能性が…
高い！
やったね！
小林さん!!
これは
町おこしの
起爆剤に
なるぞ…!!
よかった
よかった!!

イェーイ!!
西村さん
ちょっと確認
なんですが
沿岸
弱いので
粗い
海流
強いと
細かく
沖合
ここの地質…
沖合の海
ですよね
ね。
ね。
そうですね
地質の粒子は
海流が弱い
沿岸ほど粗く
海流の強い
沖合ほど細かく
なります
ザッ
ザッ
この骨の主は
海に落ちて
陸地から
一定以上の距離を
流されてきたんじゃ
ないでしょうか

アジア…
ユーラシア大陸の
海岸から…?
ずいぶん遠くから
流されてきた
ものですね…
はるか
7200万年前

アンモナイトやモササウルスが泳ぐ海を流されて
穂別の崖に「ひとりぼっち」の恐竜が現れた

この出会いは
——運命だ

化石を包んでいる「ノジュール」の正体

第3話のキーワードは、「ノジュール」でした。ノジュールは「コンクリーション」とも呼ばれ、地層中で化石を探す際に目印となります。ノジュールは炭酸カルシウムでできていて、とても硬く、割るにはコツが必要です。

アンモナイトなどの海棲動物の化石を探す場合には、まず、地層中に含まれるノジュールを探します。そして、そのノジュールを割って、化石をみつけるのです。

化石を覆うノジュール。その正体は、何なのでしょうか？

なぜ、ノジュールができるのでしょうか？

2015年に名古屋大学博物館の吉田英一さんたちの研究チームが、ノジュールの形成メカニズムに関する論文を発表しています。吉田さんたちの研究によると、ノジュールは動物の軟体部が腐敗するときにできる炭酸イオンと海水中に含まれているカルシウムが反応してつくられるとのことです。動物が大きければ大きいほど軟体部も大きい傾向にあるため、大きな動物ほど大きなノジュールをつくる可能性が高くなります。脊椎動物の場合は、全身が包まれているよりも、部位ごと、骨ごとにノジュールに覆われている可能性があるようです。

しかも、ノジュールは、意外と早くできるようです。吉田さんたちの研究が発表されるまでは、ノジュール形成には数千年、数万年以上の時間がかかると漠然と思われていました。

しかし、吉田さんたちの分析では、小さなものでは1年ほど、大きなものでも10年ほどでノジュールができると示されました。

むかわ竜の化石も多くの部位はノジュールで覆われていました。そのノジュールは、むかわ竜の筋肉や内臓を材料に短期間でつくられたのかもしれません。

【参考資料】『化石になりたい』監修：前田晴良、著：土屋健、技術評論社、2018年刊行

第4話

「発掘（はっくつ）」

恐竜の化石が
見つかったのは
喜ばしいですが
全身骨格と
なると
大規模な
発掘作業に
なります

北海道所有林
発掘するには
北海道の許可や
発掘しやすい
現場にするため
重機の手配が
必要です
重機を
持ち込むには
林道も整備
しなければ…

とにかく
莫大な予算と
長い時間を
要します
僕の予定も
かんがみると
2015年
2014年
大学
モンゴル
8月
むかわ町
にて発掘
9月
アラスカ
2013年
9月から
毎年1か月ずつ
3年かけて
発掘しましょう

当然…予算の心配もしなければいけませんが…
恐竜化石は町おこしの起爆剤…!!
任せてください!
ドドン!!
役場に掛け合って予算を勝ち取ってきますよ!

…むかわ町には「ホッピー」がいますし
発掘への理解もありそうですね
はい!手続きは私たちが進めておきますので
小林さんには発掘の指揮をお願いします!!

2012年 櫻井は発掘計画を立案
道有林を管理する北海道胆振総合振興局へ許可申請を出し
予算の確保やバックアップをしてもらうため
むかわ町に報告したのだが――

!?
ええっ!!
全然乗り気じゃない!?
…喜ばれると思ったんですが
正直反応は薄かったですね

どうやら…恐竜とクビナガリュウを混同しているようで
ホベツアラキリュウ
通称：ホッピー
もうホッピーがあるじゃないっ?
あれ…?

「ホッピー」の町だからこそその反応かもしれません
予算高ッ!!
思ってたのと違う…!!
ホントに町おこしになるのか…
特に予算は…大規模な発掘の前例がなく
提示した発掘調査費には難色を示されてしまい…
…わかりました

役場の人たちには
恐竜の全身があると
説明して構いません

全身化石の学術的価値は部分化石とは桁違いですから
まだ確定していないのにいいんですか!?
こちらが弱気では予算を出す方も困るでしょう
責任は私が持ちます

櫻井さんは全身化石の価値や
恐竜とクビナガリュウの違いを諦めずに説明してください
WOW!
…その代わり
情報の管理にはくれぐれも注意してください
……はい

一番怖いのは
盗掘の可能性です
誰にも渡さないよ～ん
個人の収蔵品にされたり
現場を荒らされたり
カセキなんてどこにもねーぞー!?
ケーくんワイルド～♥
まーまー
あれっ、また割れちゃった!?
パキッ
化石を破壊されたり
場所が特定されて掘り起こされたら研究はできません
情報は極秘にすべきです
ゴクリ…
小林の提案で化石の情報は徹底して秘匿され

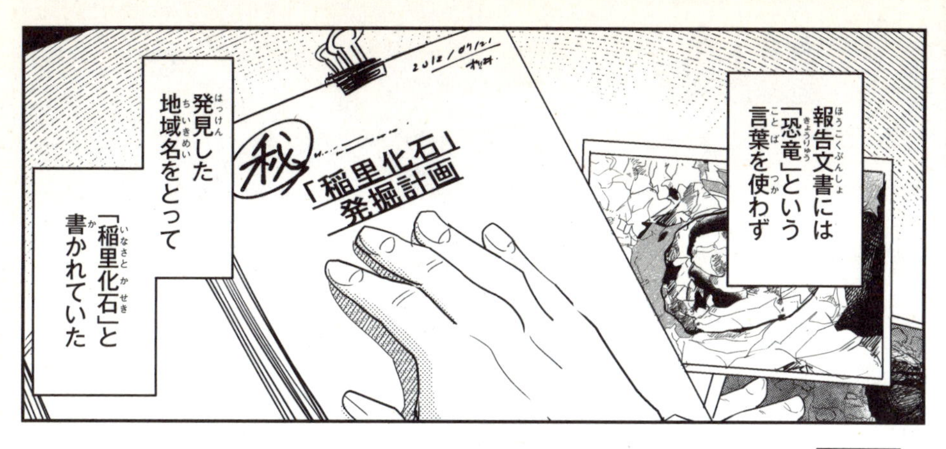
報告文書には
「恐竜」という
言葉を使わず
㊙「稲里化石」発掘計画
発見した
地域名をとって
「稲里化石」と
書かれていた

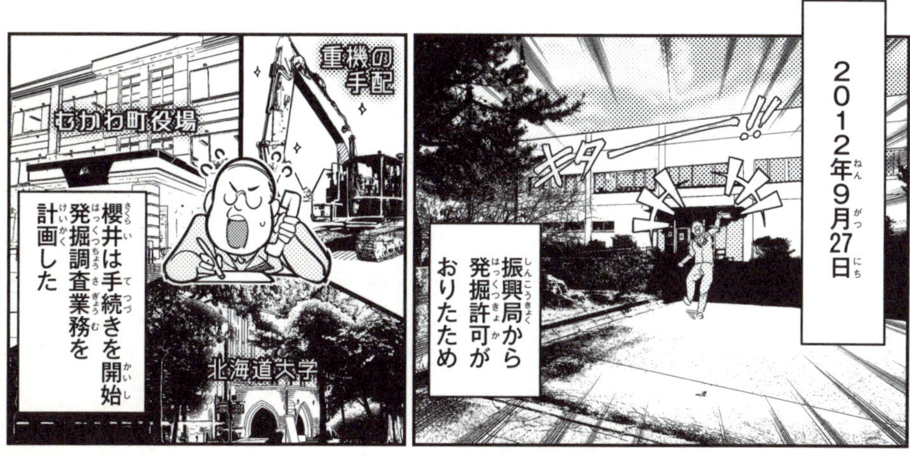
2012年9月27日
振興局から
発掘許可が
おりたため
キターーーー!!
櫻井は手続きを開始
発掘調査業務を
計画した
重機の
手配
むかわ町役場
北海道大学

まずは
林道の整備
発見場所
休憩所
駐車場
発掘メンバーを
毎日2㎞も
歩かせる訳には
いかないし
駐車場や
休憩所が
必要だな

次に伐採
250本の樹木を伐採する代わりに

発掘終了後は再び植栽し
元の環境に戻すことが義務づけられた

櫻井の熱心な説明によって
役場内でも「稲里化石」の認知度が徐々に上がっていた
クビナガリュウと恐竜は全然違うらしいね
博物館は恐竜が欲しいらしい

見ろ！恐竜を展示した場合こんなに観光客が増えるって！
しかも全身骨格は日本初らしいぞ
異議無し!!
発掘できれば町の財産になる！

ドン
むかわ町
そして むかわ町は
発掘の全面的な
支援と
680万円の
予算を投じた

2013年7月17日
記者発表が
行われる
ざわ…
ざわ…
むかわ町穂別で
恐竜の化石が
見つかりました
これが発掘された
尾椎の化石です
保存状態が
いいため
現場には
この化石の続きが
眠っていると
思われます
恐竜化石の存在が
メディアに公開
されると同時に

ガシャン。
現場は関係者以外立入禁止となり

調査開始まで博物館職員が
定期的に巡回を行った

2013年9月4日準備期間中に発掘環境の整備を行い
第一次発掘調査が始まった

どさり…
櫻井は発掘現場を補佐する事務作業
下山は発掘に必要な道具の補充
西村は地質学の知識を期待され小林のサポートをそれぞれ担当する
そして――

発掘の総指揮者
小林快次は
発掘作業の
ボランティアとして
ゼミの学生を
引き連れて
やって来た
全身骨格の
発掘だって！
楽しみだなあ
いやー
骨が1、2個
見つかって
終わりでしょ
日本は
部分化石だけでも
大騒ぎなんだから
小林ゼミの学生
高崎くん
結構 山奥
なんだね…
化石の発掘って
なんとなく荒野の
イメージだけど
刷毛片手に…
「大陸式」
発掘現場
モンゴルとか
アラスカの
大陸式とは
違うらしいよ
だからこそ
めったにない
機会なんだ
日本式の発掘に
参加できる
なんて…

!?
や山が削られてる!?
土木工事の現場だよ!? これ!
バッ!

ズズ
ザザ

ズズ
うおぉお…
シャベルを腕みたいにして…
おいおい…
登ってるよ

ずざー!!
重機の手配や現場の整備も
万全ですね
恐竜サイコー!!
櫻井さんの粘り強い説得のお陰ですよ

小林さん
どこから
掘りますか?
去年 尾椎を
発見した場所を
基点としましょう
堀田標本の「続き」が
発見された地点
基点の周辺を
掘り進み
新たな骨が
見つかったら
埋まってる
傾向を推理して
化石がまとまって
ありそうな地点を
割り出しましょう
おー!!
尾椎の周囲を
掘り進めるが
1日 2日
経っても
新しい化石は
見つからない

発掘3日目——
…おっ
小林先生!
これ骨じゃ
ないですか?
あっ
これは…
椎骨だ!

よかった
まだまだ骨はありそうだ
埋まり方から胴体の位置もわかりそうだ！
おー！化石だ！
どれっ？これっ？
写真！写真！
すいません小林さん…
ここは断層が小さく地層の縞模様もなくて手間取ってしまったのですが

角度を測り直してみたところ
地層はほぼ垂直に立っているみたいです
ほぼ垂直…？そんな現場は経験したことないな…
普通なら下に掘っていけば化石が出てくるけど…
垂直ってことは平行に掘っていけばいいのか…？

となると化石の前後を掘っていき
ザガガ
ザガガ
化石予想
化石だ!
どんぞん持ってけ!
化石 or ノジュール
露出した部分をハンマーやツルハシで削って
化石予想
ザガガ
化石やノジュールを見つけていく
この作業を繰り返して発掘しましょう
予想
一次発掘調査は歴戦の化石ハンター小林快次にとっても試行錯誤の連続だったが

なるほど…ノジュールに包まれてるな…
カッ
小林先生！骨っぽいのが
カッ
カッ
こっちも！ノジュール出てきました

発掘方針が決まると作業も軌道に乗り始めた
ガガガ…

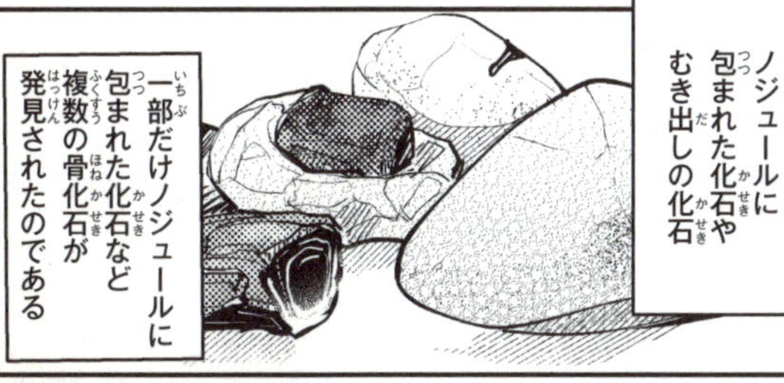
翌日にはノジュールに包まれた化石やむき出しの化石
一部だけノジュールに包まれた化石など複数の骨化石が発見されたのである

この化石にジャケットかけて
写真には印をつけておいて！
ピ

ジャケットは麻袋や麻布を適当なサイズに切り
ジョキ
ジョキ
120cm
20cm
水に溶かした石膏につけてつくる
石こう CaSO4
ちゃぷちゃぷ

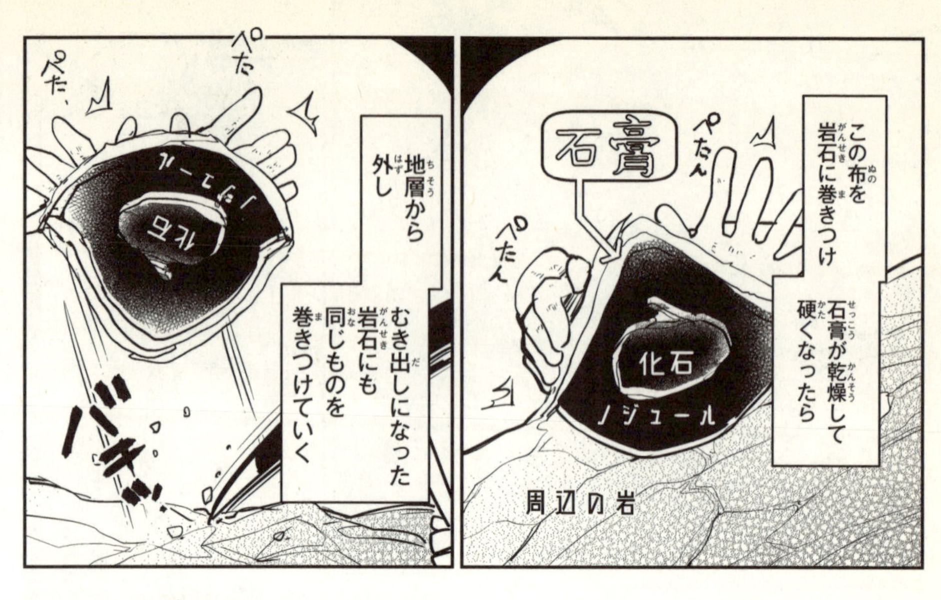

この布を岩石に巻きつけ
石膏が乾燥して硬くなったら
ぺたん
石膏
ぺたん
化石
ノジュール
周辺の岩
ぺた
ぺた、
地層から外し
むき出しになった岩石にも同じものを巻きつけていく
バキッ

こうして化石は壊れないように岩ごと包まれ
現場から運び出された
重いノジュールは重機に結びつけて運搬する
穂別博物館でクリーニングします。

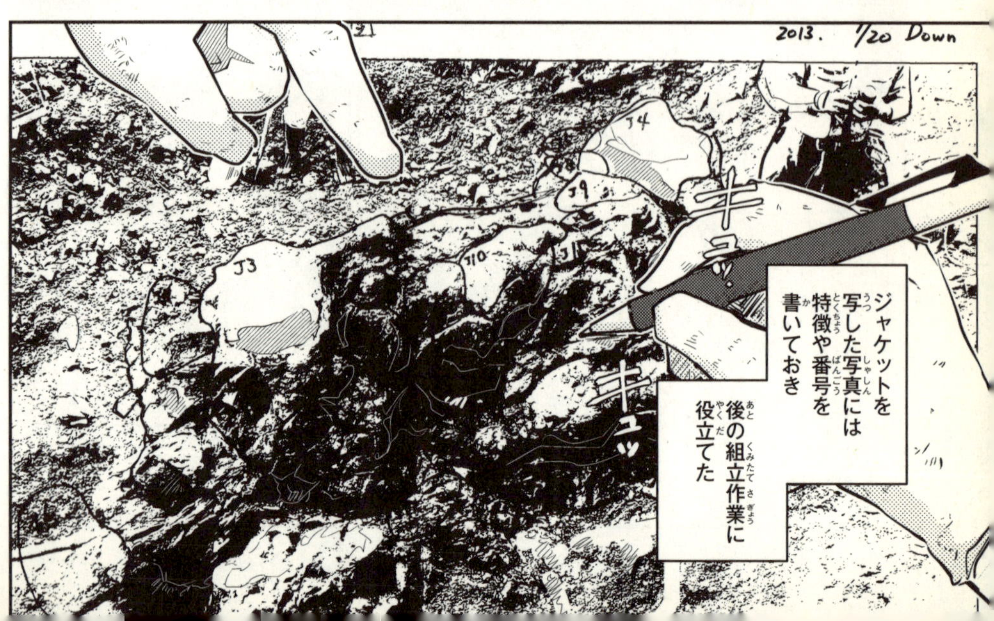

2013. 7/20 Down
J4
J9
J10
J1
J3
キュ
ジャケットを写した写真には特徴や番号を書いておき
後の組立作業に役立てた
キュッ

これ椎体の骨。
覚えていて。
やっべぇ
全然見分けつかないよ
骨
骨と周りの石
ほとんど色同じじゃん

発掘の最中
学生たちは
ことの重大さに
気づき始めた
ドクン
重機も投入
されてるし
役場の人もいる
オラーーイ
オラーイ
この発掘には
すごいお金が
かかってるんだ
もし…もし
俺のハンマーが
誤って骨を
壊したら…

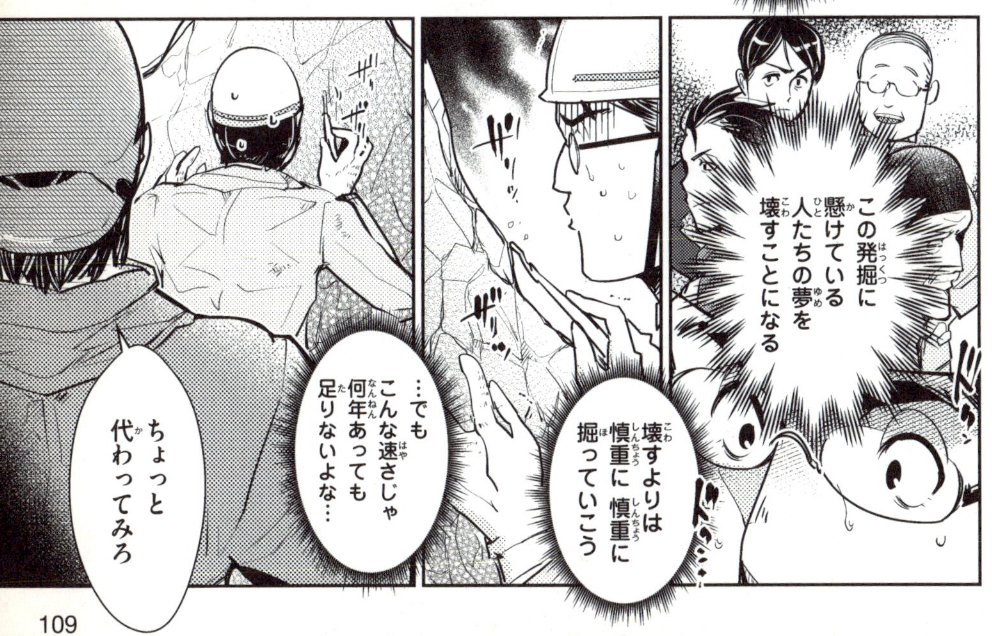
この発掘に
懸けている
人たちの夢を
壊すことになる
ドクン
ドクン
壊すよりは
慎重に慎重に
掘っていこう
ザリ
ザリ
…でも
こんな速さじゃ
何年あっても
足りないよな…
ちょっと
代わってみろ

キィ
うわー俺が数時間かけた場所を5分で…
化石がないってわかってるからこんなに削れるんだ
ガガガ

チャ
どこだ！どこが違う!? ちゃんと違いを見極めなきゃ…

え
お、これも骨じゃん
全然見つからないのに…
当初 小林以外の発掘メンバーはほとんど素人で
小林の見よう見まねで発掘を進めていた
足の骨かな！
コッ
コッ

学生たちは
発掘のノウハウを
学び 共有することで
貴重な戦力として
成長していった
そんな中 西村が
小林の動きを覚え
率先して指示を出し

第一次発掘調査の
期間も半ばを過ぎ——
よ——し
一旦休憩!
もうちょい
重機に掘って
もらって…
…あれ?

足置き場に
使ってた
この岩…

なんか
脚っぽく
ないですか?

でかっ!!

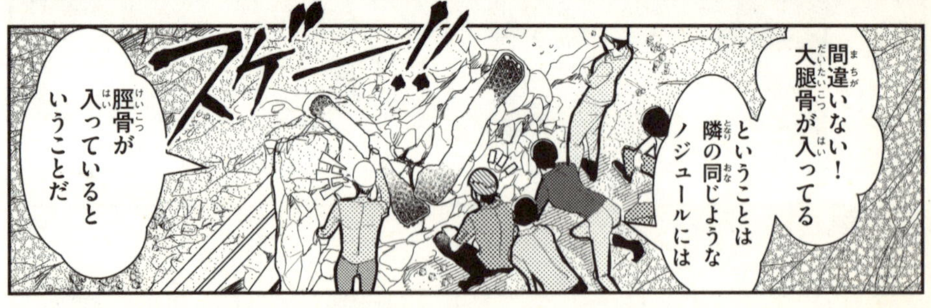
間違いない！
大腿骨が入ってる
ということは
隣の同じようなノジュールには
スゲー!!
脛骨が入っているということだ

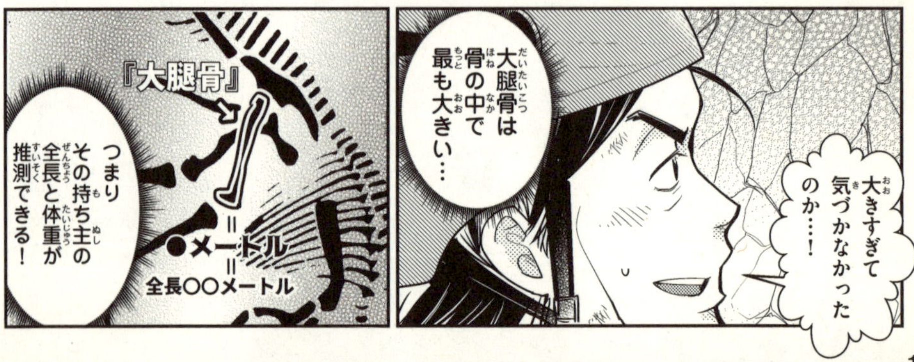
大きすぎて気づかなかったのか…！
大腿骨は骨の中で最も大きい…
『大腿骨』
＝●メートル
＝全長〇〇メートル
つまりその持ち主の全長と体重が推測できる！

この大腿骨のおかげで
この恐竜のイメージがつかめてきたぞ
おーーっ!!
ええ
よしよしつながってきた…

小林さん順調のようで何よりです
スゲー
櫻井さんのお陰ですよ
ジャケット何枚いるかなァ…
20枚ぐらいですかねェ
いやー毎日事務処理をしてる甲斐がありました

それで…実は役場の人たちから
「ぜひ頭を」とせっつかれてまして
頭はっ?
頭はっ?
はぁ…
どうでしょう…頭部は出そうでしょうか?
頭部…ですか

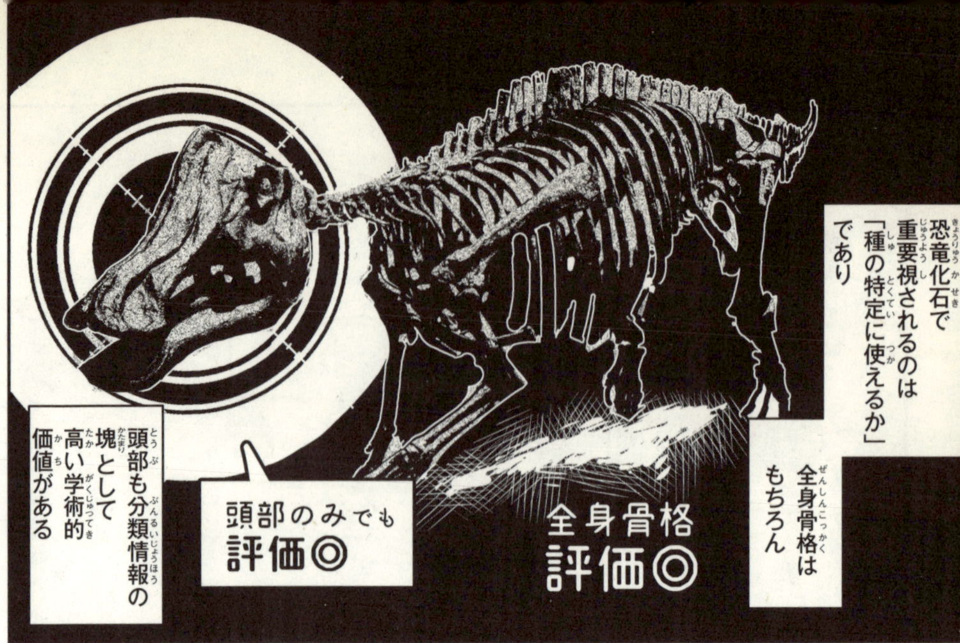
恐竜化石で
重要視されるのは
「種の特定に使えるか」
であり
全身骨格は
もちろん
全身骨格
評価◎
頭部のみでも
評価◎
頭部も分類情報の
塊として
高い学術的
価値がある

特に
ハドロサウルスは
頭部に大きな
特徴があるため
トサカの形状
頭骨が
発見できれば
新種であるかも
判断しやすかった

突起
尾椎にも
珍しい特徴は
あったが
頭骨が出れば
新種かどうか さらに
判断しやすくなる
流されてきた
途中で
首がもげて
しまった可能性も
あるが
ゴプ
ポ
ポポポ

もし頭があれば
すごいことに
なるぞ…！

発掘11日目
9月14日
オーライ
オーライ
小林先生！
コレ見てください！
大腿骨の
近くにあったん
ですけど…
歯っぽく
ないですか!?

……っ
頭あるぞ
ここが陸の地層で周りに他の化石もあれば
この歯は違う個体のモノかもしれない
オ――ッ!!?
だがここは海の地層だ
この恐竜は偶然ここまで流されてきた「ひとりぼっち」
この歯は彼の歯だ!
歯はもちろん頭部の一部
水流などによって遺骸の頭部から外れたんだ
ポ
ポ
さあ頭がある…
スゲー!
歯だ!
パチ
やった!

正真正銘の全身化石
ザ・パーフェクトがここに眠っている!!

第一次発掘調査が終わる
冬に備えて発掘途中の化石にジャケットをかけ
斜面を埋め戻していく

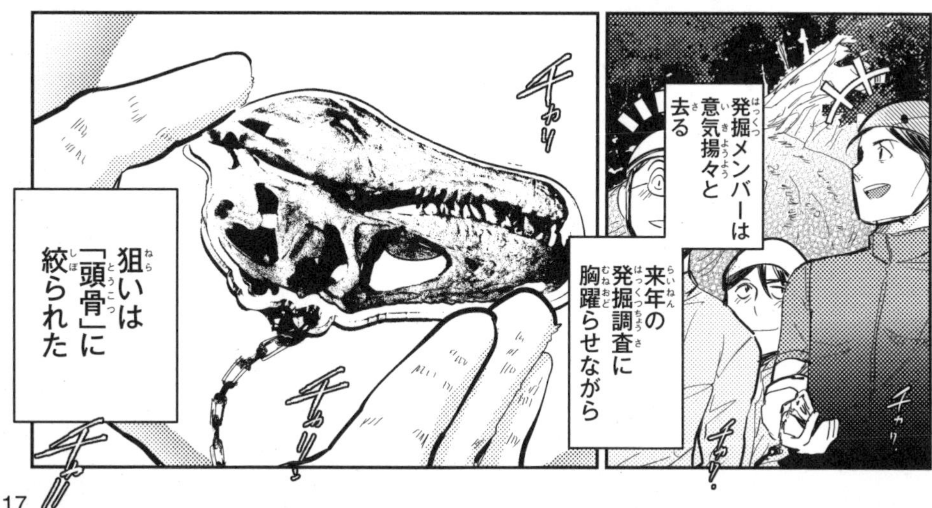
発掘メンバーは意気揚々と去る
来年の発掘調査に胸躍らせながら
チャリ
狙いは「頭骨」に絞られた
チャリ

ハドロサウルス科って、どんな恐竜？

むかわ竜は、ハドロサウルス類（科）の恐竜です。ハドロサウルス科は、分類群としては鳥盤類の鳥脚類というグループに属しています。「鳥」という漢字が2回も入りますが、現生鳥類とは関係はありません。

鳥盤類に属する恐竜はすべて植物食性です。その中でもハドロサウルス科の恐竜は、「植物食のスペシャリスト」として知られています。

ハドロサウルス科の恐竜は、まず口先に特徴がありま す。口の先端が平たく幅広になっているのです。この形が、現生鳥類のカモのクチバシに似ているため、ハドロサウルス科は「カモノハシ恐竜」とも呼ばれます。「鴨の嘴」という意味です。

口の中を見ると、左右の顎の内側には、ひまわりの種のような形をした歯がびっしりと前後・上下に隙間なく列をつくって並んでいます。

上下に並んだ歯は、最上部を除いてすべて予備の歯です。口に入れた植物をすりつぶしていると、最上段の歯はしだいに摩耗していくので、2段目の歯が補充されるしくみになっていたと考えられています。このしくみを「デンタルバッテリー」と呼んでいます。

この歯自体もかなり〝優秀〟で、使えば使うほど凹凸が発達するようになっていました。凹凸ができるということは、植物をすりつぶしやすくなるということです。少なくともハドロサウルス科の一部の恐竜には、凹凸をつくる組織の数が6種類あったことがわかっています。これは、現生哺乳類の〝優秀な植物食動物〟であるウシの歯の組織数を上回る数です。

こうした優れた〝植物食性能〟を備えたハドロサウルス科は、とくに白亜紀後期に繁栄しました。恐竜類における屈指の〝成功者たち〟で、最も多くの化石が発見されています。

むかわ竜もまさにそんな成功者の一員だったのです。

第5話

「発表(はっぴょう)」

第一次発掘調査の結果
さまざまな部位の化石が発見され
特に歯の発見は頭骨の存在を浮き彫りにした
歯

頭骨があれば全身骨格が存在することに…
全員の期待が高まった
まさに完全化石(ザ・パーフェクト)!!大発見ですよ!
全身骨格!!
歯
大腿骨

8メートル7トンのハドロサウルス
大腿骨
大腿骨のおかげで全長も予想できますし
記者発表をして世間に認知してもらいましょう

そして小林たちはすぐに復元画の制作を依頼した
トサカ無くして下さい。
アンモナイトの修正とウミガメの追加
ガスが腹部にたまるのでお腹を上に。

ざわ…
2014年1月17日
北海道大学と穂別博物館が連名でプレスリリースを発表
発掘調査の詳細やそれを受けての海外研究者からのコメントのほか
ざわ…

作／服部雅人
©Masato Hattori

オォーーーッ!
恐竜の復元画を公開し人々に衝撃を与えた

それから8か月後
2014年
9月4日

第二次発掘調査が
開始される

小林発掘隊は
テレビクルーを
連れて
発掘現場を
訪れた
ゼミ生
高崎
いやー頭骨
でるかな～

今回は他の
大学からも人が
来てますからね
ふふふ…
新顔には発掘の
いろはを教えて
あげなきゃねぇ
よろしくお願いします！

よいしょ
よいしょ
まずはテント
設営ですかね？
そうそう
基地作りから…

おつかれ様です!!
って 小屋ができてるー!
去年こんなのなかったよね!?
ドーン!!

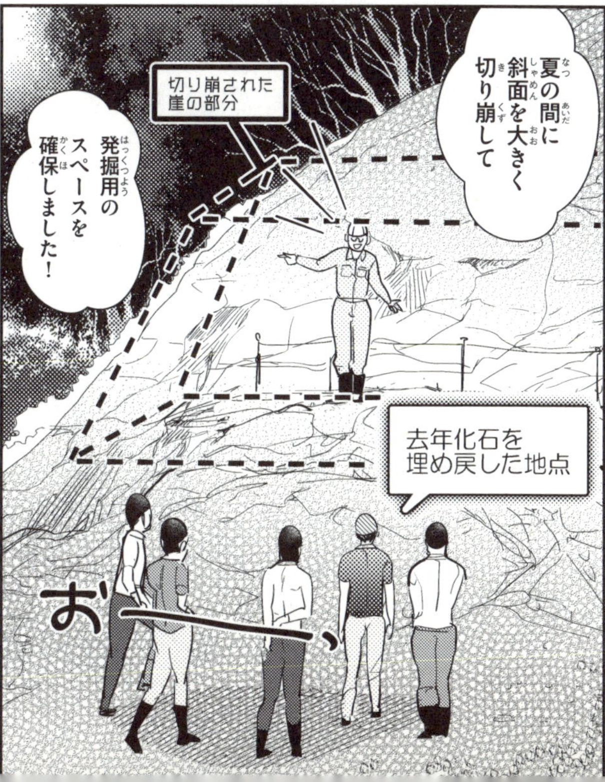
夏の間に斜面を大きく切り崩して
切り崩された崖の部分
発掘用のスペースを確保しました!
去年化石を埋め戻した地点
おー

!?
そして そして!斜面をよーく見てください

防護ネットですか！
西村さんと下山さんだ、
落石防止用に張ってみました！
来たきた
おぉ――!!

危なッ
小さいですけど去年は落石がありましたからね…
発掘も手探り状態だったから
いやー！
掘りすぎてノジュールが倒れないように下山さんが対応してくれましたよね！
補強、補強…!!

記録作業用の小屋も作ったので雨が降っても大丈夫です！
ざわざわ
ざわ…
…すごいなむかわ町は〝本気〟なんだ

僕が世界中を飛び回っている間に
万全の準備をしてくれていたんですね
2014年8月27日
発掘準備中
丁寧な仕事ぶりからも伝わってくる
穂別博物館だけじゃなくむかわ町が心を開いてくれたことが…
ここに埋め戻しましたっけ?
この下に化石が…!!
今掘り出そうとしている化石は

むかわ町の希望なんだ
よし!みんな!!第二次発掘調査の開始だ!!
頭骨を見つけるぞ!!
オォーーッ!!

オーライ！オーライ！
ジャケットは全部残っています！
第二次発掘調査は前回最後にかけたジャケットの回収から始まった
期間的にジャケットの回収のみで終わる予定だったが
発掘班
記録班
経験を積んだ発掘隊によってジャケットの回収はわずか1週間で完了
化石の発掘にも取り掛かることができた
お！化石…出ました…
でかいな!!

掘り進めていくと
ノジュールは
大きくなっていった
おそらく胴の骨が
入っているのだろう

そして ノジュールが
大きくなると
ともに…
櫻井さん
こっちです！

歯の化石!!
また見つかり
ましたー！
はわわ…

櫻井さん
こっちも！
はやくっ
こっちにも
骨ありました！
ハイハイイ
すっこッ！
こっちは2つ
ありましたー
おーーい！
記録お願い
しますー！
これは
大変なことに
なってきたぞ…
ノジュールや
化石を見つけたら
その位置を
記録するため
キュ
キュッ
見つかるたびに
記録係が現場を走り
写真を撮っていく

いつの間にか
歯が出てくるのは
当たり前となり
回収した歯の化石は
100を超えた
tooth
歯
また歯だ!!
ハァーーー…

昼休み中
メシだ
メシだー!!
いっただき
まーす!
あぁ…こりゃ
本当に大変だ…
櫻井さんが
いなきゃ パンク
してましたよ…
もぐ
もぐ

あれ
小林先生は?
あー 先生なら
ほら あそこ

生のカリフラワー
ひょい
ボッ
ボリッ
ボッ
ボリ

なんで お昼が カリフラワーだけ なんだろう？
隼の目を維持する秘訣とか？
もぐ
もぐ
いや 一次では 普通にカップ麺とか 食べてたよ
カッコいいなぁ

…目の前でご馳走が待ってるんだ
ボゥ…ボゥ…
ボリ…ボリ…
メシなんてどうでもいいのかもな
ボリ…

…そろそろのはずだ
ザッ ザッ
昼休み終わりかぁ記録の整理が山積みだぁ…
現場でも事務仕事ばっかりですね
ゴクン…
櫻井さんちょっといいですか
ここまでに見つかった
歯化石の産出記録をまとめていただけますか

正直 歯の化石が見つかった時点で
頭骨があることはほぼ確実…
問題は「どこにあるか」
どうぞ!
そのヒントになるのが「歯の産出記録」
ザッ
…やっぱりそうだ!
歯の化石は帯状にまとまっている

「遊離した歯の化石の産出地点」
当然頭は歯の近くにあるはず…
産出記録を現場に合わせてみると——

この 横切るように
大きなノジュールが
怪しい
ざわ
そのノジュールは
数十cm以上の
大きさがあり
さらに
1m以上はある
巨大なノジュール
とつながっていた
ざわ…
これは…
大きいですね…
ざわ…
全体に
ジャケットを
かけるとなると
相当な
作業です
『怪しい』
ノジュール
取り出すのには
1年以上かかるかも
しれませんね…
……いや
見てください

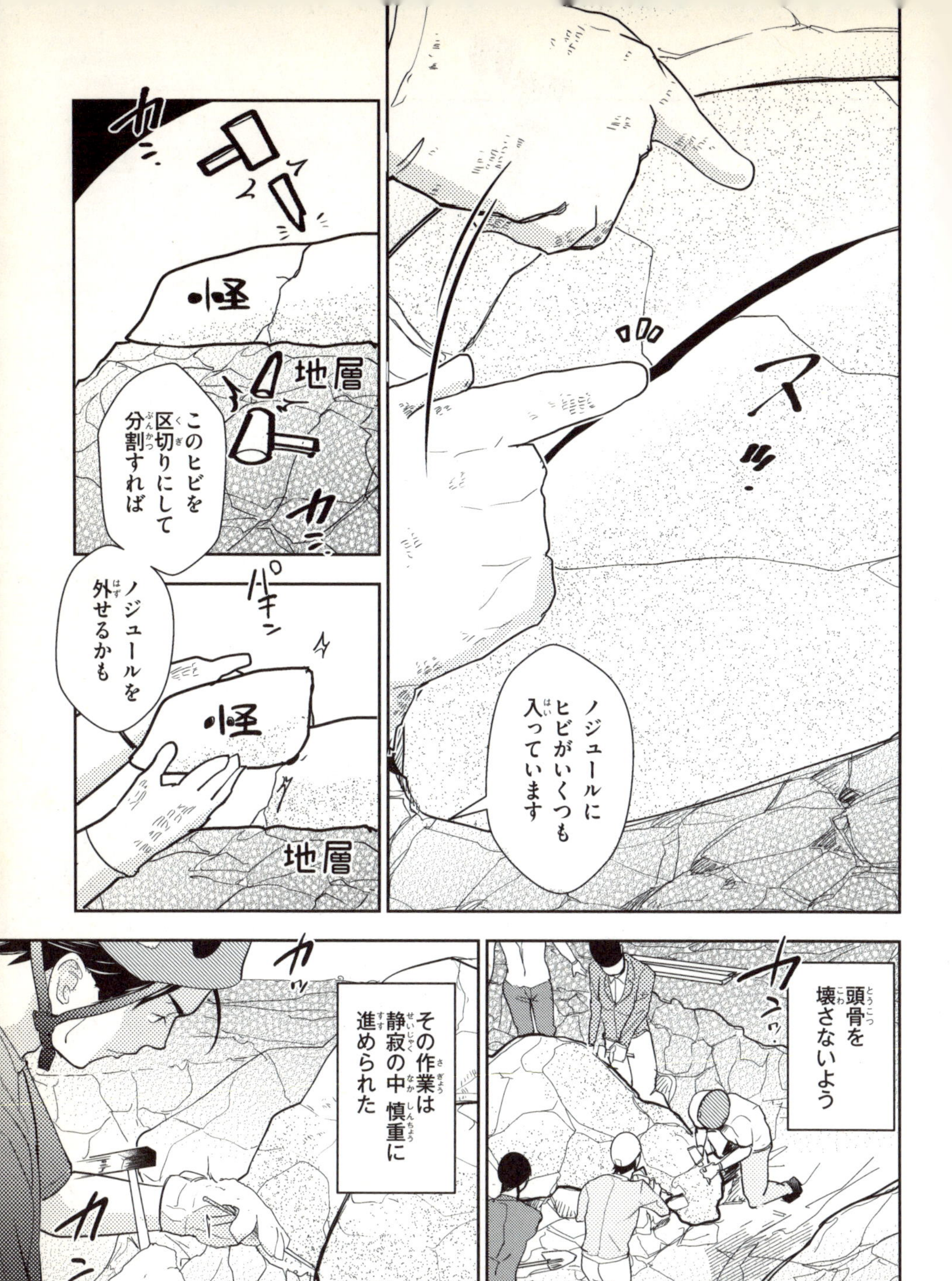
ノジュールに
ヒビがいくつも
入っています
スッ
カン
怪
地層
このヒビを
区切りにして
分割すれば
カン
パキン
ノジュールを
外せるかも
怪
地層
頭骨を
壊さないよう
カンッ
カンッ
その作業は
静寂の中 慎重に
進められた
カッ
カンッ

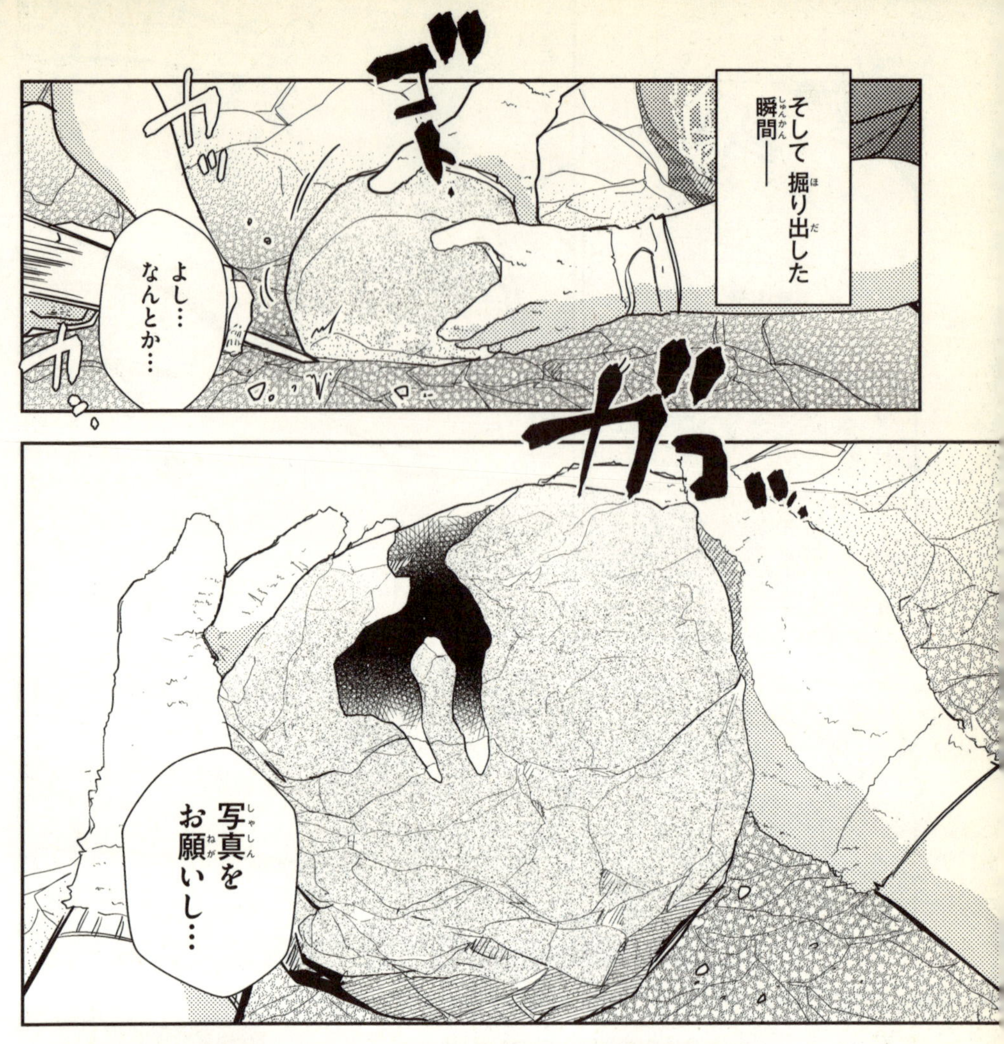
そして 掘り出した瞬間——
ゴトッ
ガッ
ガッ
よし… なんとか…
ガコッ
写真をお願いし…

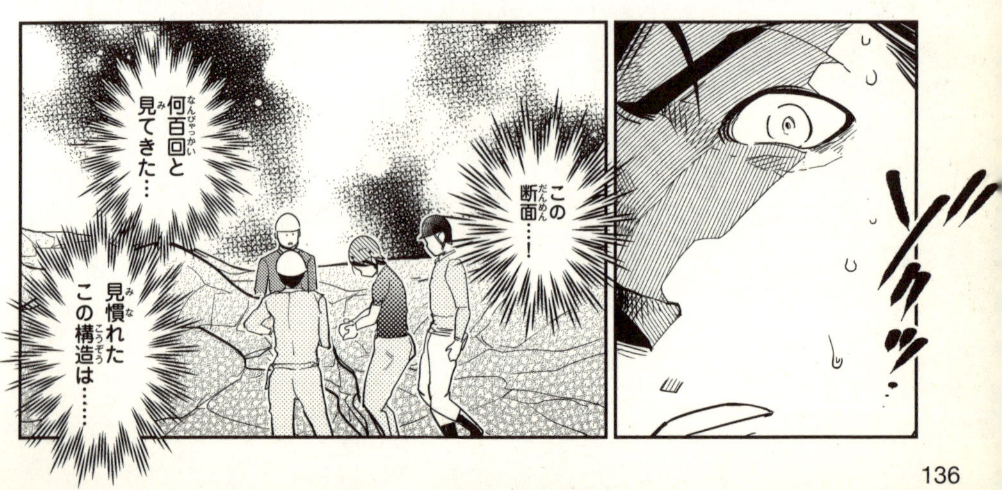
ゾクッ
この断面…！
何百回と見てきた…
見慣れたこの構造は……

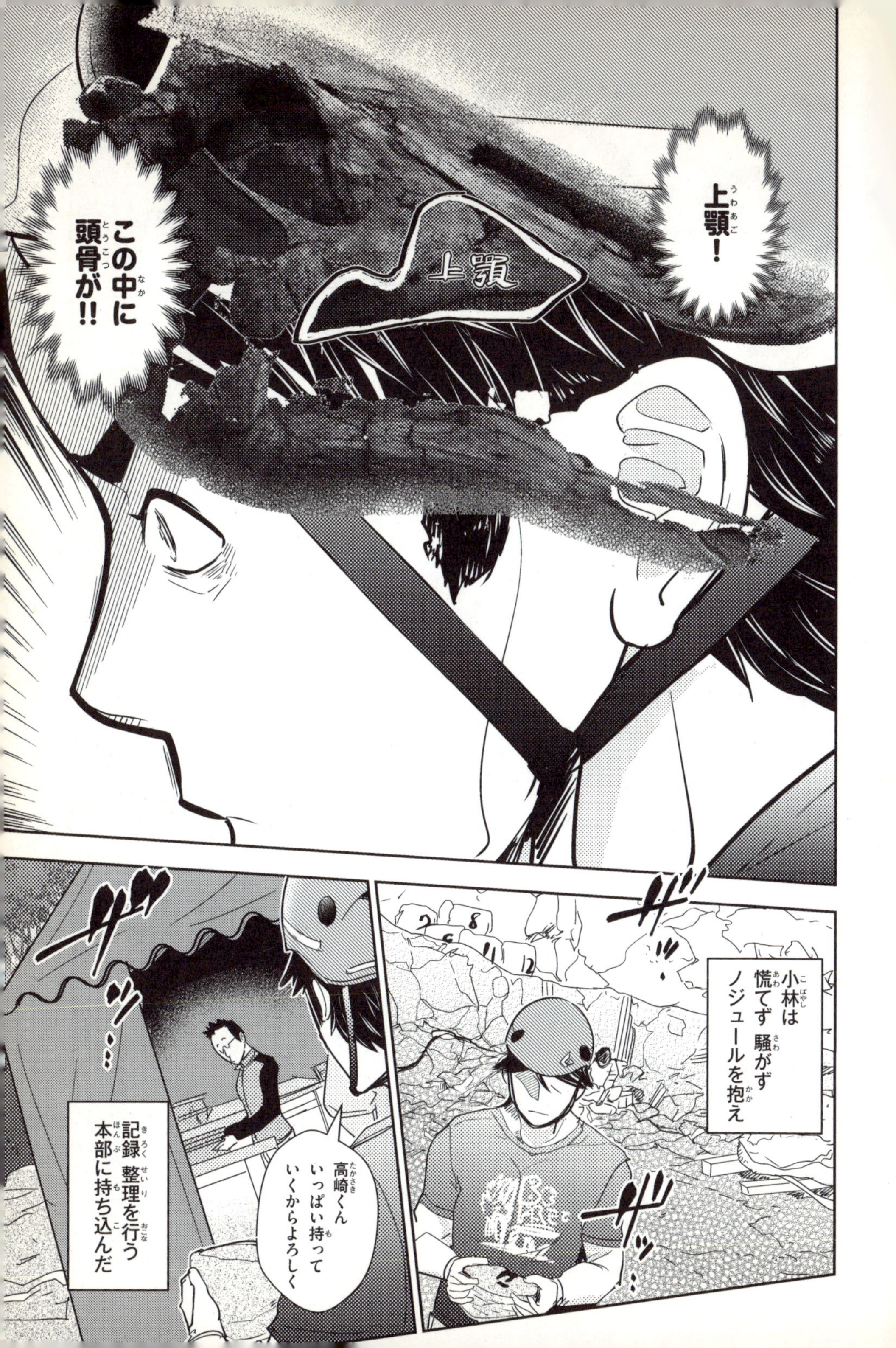
上顎!
上顎
この中に頭骨が!!
ザッ
小林は慌てず騒がずノジュールを抱え
ザッ…
ザザッ…
高崎くんいっぱい持っていくからよろしく
記録整理を行う本部に持ち込んだ

!?
その時ちょうど本部では標本整理中の高崎を撮影していた
あの複雑な構造…
ドクン
頭骨だ!!
ドクン
ドクン

はたから見ても今までの骨とは様子が違っていた
頭ですよね?
体の骨ではなさそうですけど…
ねぇ!
いよいよ大発見ですね!
さあ…どうでしょうねぇ…
ねぇ!?
だめだ…

ドドックン
頭骨発見という一大事を
ドドックン
小林先生以外の人が口にはできない……！
ドドックン
!?
すみませんちょっといいですか
2人はこの後すぐに
博物館へ行ってください
ゴクッ
そして下山さんはクリーニングをお願いします

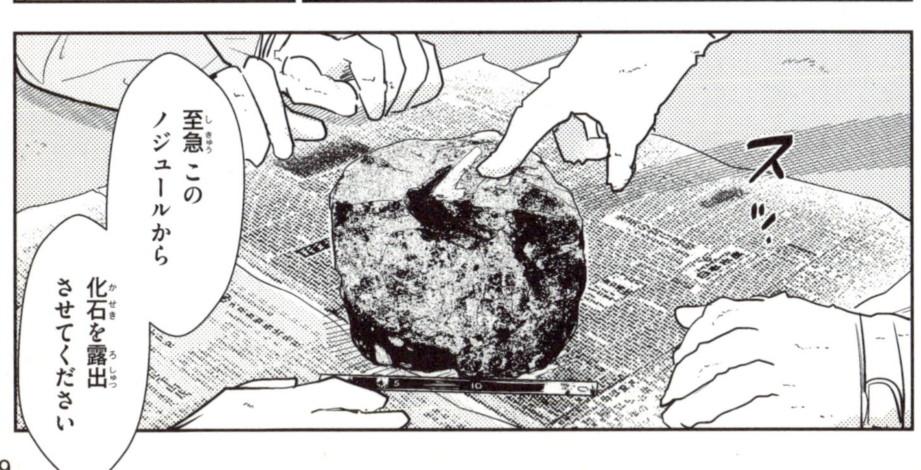
スッ
至急このノジュールから
化石を露出させてください

わ　わかりました…
すぐ向かいます！
西村さん　このメンバーなら予定を繰り上げられそうです
現場に残っている化石すべて掘り出すつもりで
ガンガン掘っていきましょう!!
この後小林発掘隊は最終日までに
ほぼ全身を回収することに成功する
ザッ
翌日——
穂別博物館
作業室
ゴトッ

下山正美は
チカッ
——
ギッ…
穂別博物館専属のクリーニング技師であり
よし！
早く出してやるぞ！
グッ
すべての始まりとなった
堀田標本のクリーニングをした人物である
クリーニングにはいくつかやり方がある

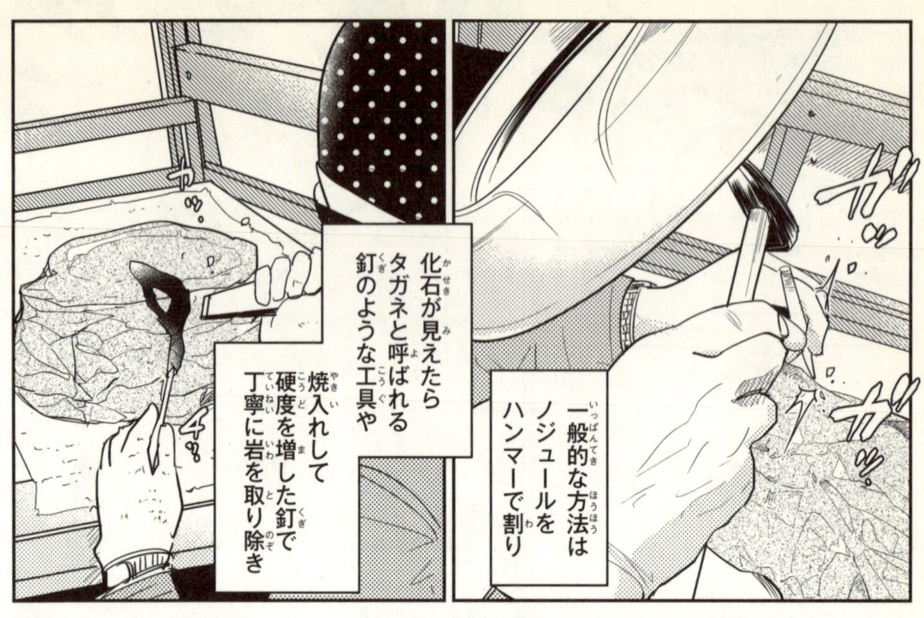
一般的な方法はノジュールをハンマーで割り
ガッ
ガッ
化石が見えたらタガネと呼ばれる釘のような工具や焼入れして硬度を増した釘で丁寧に岩を取り除き

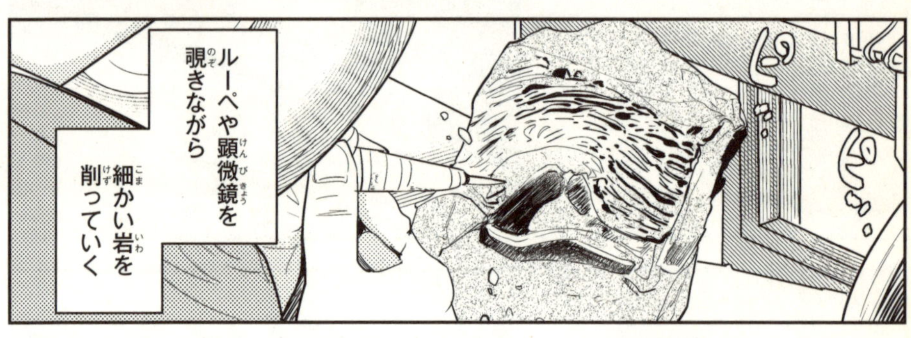
ルーペや顕微鏡を覗きながら細かい岩を削っていく

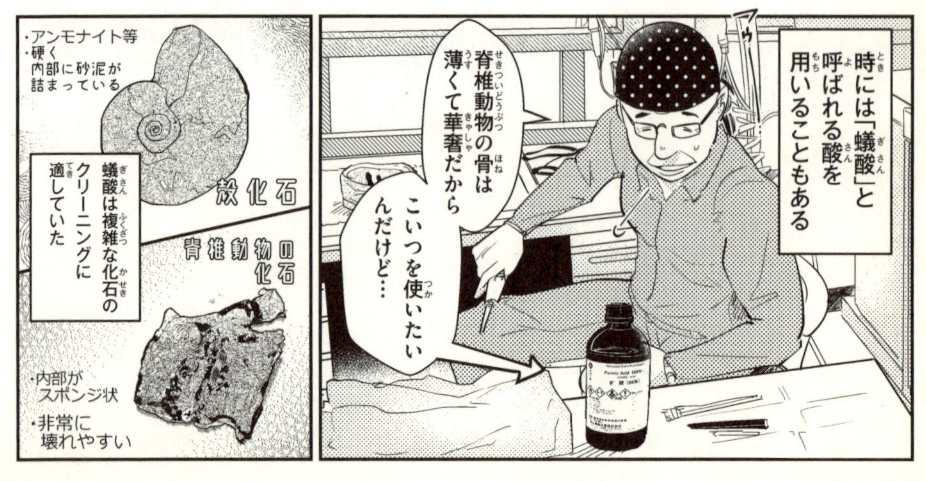
時には「蟻酸」と呼ばれる酸を用いることもある
脊椎動物の骨は薄くて華奢だから
こいつを使いたいんだけど…
・アンモナイト等
・硬く内部に砂泥が詰まっている
殻化石
脊椎動物の化石
・内部がスポンジ状
・非常に壊れやすい
蟻酸は複雑な化石のクリーニングに適していた

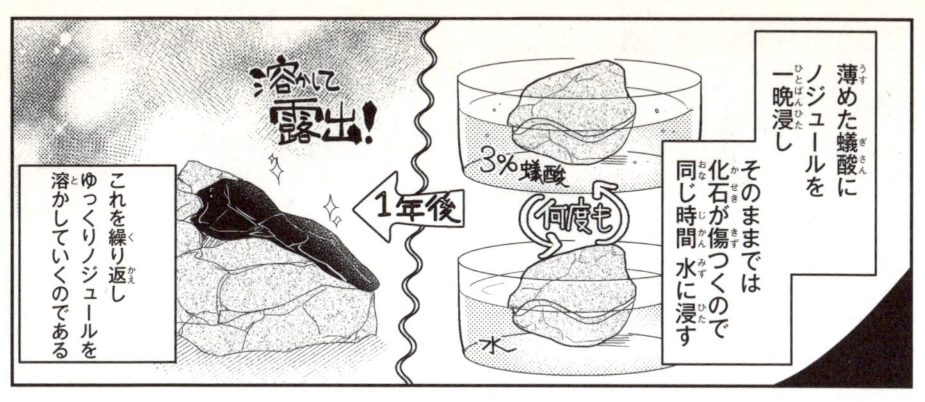
薄めた蟻酸にノジュールを一晩浸し
そのままでは化石が傷つくので同じ時間 水に浸す
3%蟻酸
何度も
水
1年後
溶かして露出!
これを繰り返しゆっくりノジュールを溶かしていくのである

禁止
Formic Acid (88%)
ぎ 酸 (88%)
CH_2O_2
しかし 今回の作業では蟻酸を使うことは禁止されていた
蟻酸でも骨が傷むことは傷みますし
細かい特徴を溶かしてしまえば
戻すことはできません
浸し過ぎて
消
消
溶け過ぎ

あーっ!?
タガネなら失敗しても接着剤でくっつけることができます
OK!
接着
大変ですがよろしくお願いします。
ガンバリマス!
ペこー
スッ…

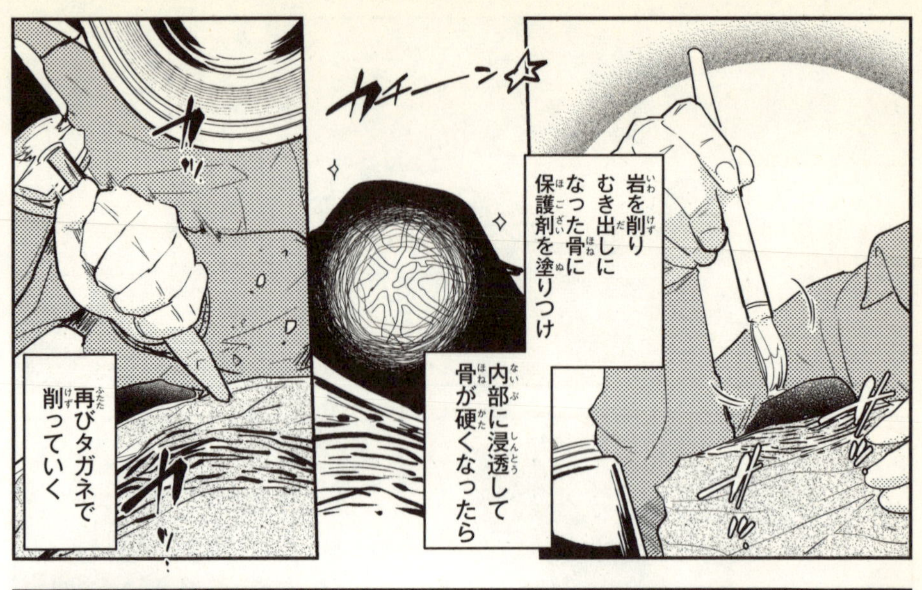
カチーン
岩を削り
むき出しに
なった骨に
保護剤を塗りつけ
内部に浸透して
骨が硬くなったら
再びタガネで
削っていく

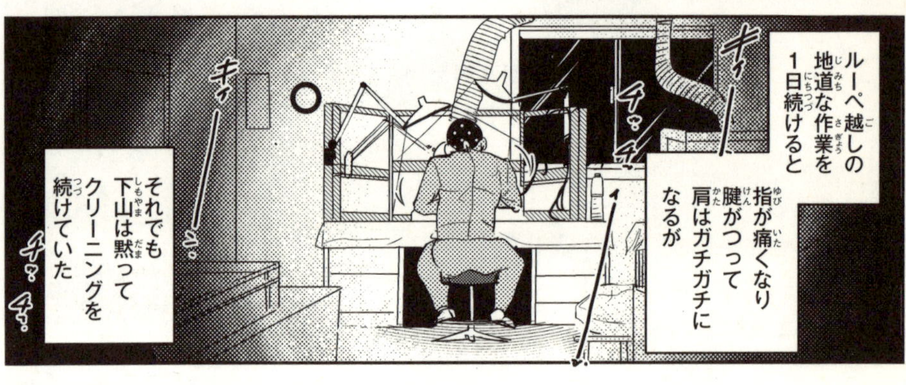
ルーペ越しの
地道な作業を
1日続けると
指が痛くなり
腱がつって
肩はガチガチに
なるが
それでも
下山は黙って
クリーニングを
続けていた

2014年10月
発掘調査の終盤に
小林がやってきた
下山さん
調子は
どうですか?
大変ですが
やり甲斐
ありますよ
見て
ください

ここまで進みました
ザッ
ゴクッ…
間違いない上顎だ……
スッ
日本初の恐竜の全身骨格
櫻井さん
緊急記者発表を行いましょう
緊急?

日本の恐竜研究史を塗り替える大発見を
1人でも多くの人に 知ってもらうために
2014年10月10日
穂別町民センター
集まった記者は18人
この発掘を取材してきた戦友たちの顔は期待に溢れていた
ざわ…
ざわ…
この段階で緊急記者発表を行うとすれば
頭骨発見以外にありえないと考えていたからである
ざわ…
ざわ…

ざわ
その期待を後押しするように
会場には黒い布がかぶさった物体が置かれていた
ざわ…
すごい熱気ですね
もう始めましょうか

ざわ…
ざわ…

ざわ…
ざわ…

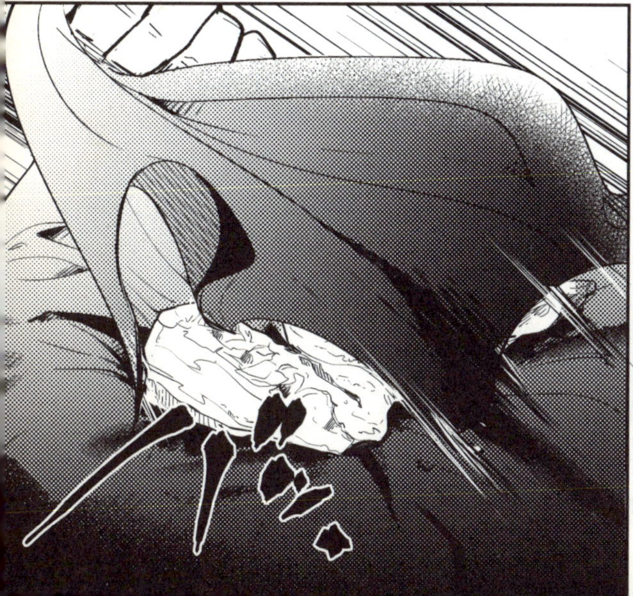

カシャ
カシャ
カシャ.
パラタタ.
カシャ.
カシャ

お待たせしました
尾椎骨が回収された2003年から11年の時を越え
全身骨格は陽の目を見た

恐竜絶滅は「どのように」の謎解きの時代へ

約6600万年前、恐竜類は鳥類をのぞいて絶滅しました。この絶滅は、白亜紀を指すドイツ語の「Kreide」と、その次の時代である古第三紀の英語「Paleogene」にちなんで「K/Pg大量絶滅事件」と呼ばれています。

K/Pg大量絶滅事件は、なぜ起きたのでしょうか?

まず、恐竜の絶滅は「突然」だったのかどうか、ということについて、議論があります。1億6000万年も命脈を保ってきた恐竜類は、白亜紀末にはすでに衰退期にあり、K/Pg大量絶滅事件よりも前に少しずつ数を減らしていたのではないか、という見方もあるのです。

そうした見方に対して、インペリアル・カレッジ・ロンドン(イギリス)のアルフィオ・アレッサンドロ・キアレンツァさんたちが本件に関する研究を2019年に発表しています。この研究では、コンピューターを使って当時の環境などを考慮に入れて検証し、その結果、衰退の傾向はみられないと指摘しています。

では、絶滅の原因は何だったのでしょうか?

よく知られている小惑星衝突説が最有力です。多くの証拠が発見されており、2010年には、世界中の研究者が集まって、「恐竜絶滅は小惑星衝突説で決まり!」という論文を発表しました。

近年は、小惑星衝突があったことを前提にして、その後「どのように」恐竜たちが滅んでいったのか、ということに注目が集まっています。小惑星衝突によって、酸性雨が降ったという研究や、中高緯度はすすが空を覆い、低緯度は乾燥化したという研究もあります。小惑星衝突をきっかけとして、どのように絶滅のシナリオが進んだのか研究されているのです。

【参考資料】Chiarenza et al.,(2019),Ecological niche modelling does not support climatically-driven dinosaur diversity decline before the Cretaceous/Paleogene mass extinction, nat.Com.

第6話

「発展（はってん）」

記者発表から1年
2015年の夏
むかわ町の住人たちへ
恐竜化石についての
説明会が行われた

ざわ…
すごい化石が
穂別で見つかった
らしいけど
俺たちは
鵡川に住んでるし
よくわかん
ねぇよな
発掘には
俺らの税金も
使われたってよ
ざわ…

むかわ町は
2006年に
鵡川町と穂別町が
合併して誕生した
総面積711・36㎢
をほこる
巨大な自治体である
穂別町
むかわ町
鵡川町
711.36km²

広大な町同士
だったため
文化は大きく異なり
穂別のシンボル
ホッピー
鵡川のシンボル
ししゃも

ざわ…
鵡川地区の住人は
恐竜についての
興味や知識が薄かった
皆さん
お待たせしました
ざわ…

穂別で見つかった恐竜化石の責任者
小林快次です
今日は穂別で行われた恐竜発掘の重要性について　ご説明します
さっそくですが今回見つかった化石には
4つの価値が存在します
1つ目は言うまでもなく
標本としての価値
今回の化石は日本産恐竜化石として『最高級』です
ほとんどの恐竜化石は陸の地層から見つかりますが
この化石は海の地層から見つかったことで

これでむかわ町は
恐竜の時代を再現
できる
世界でも珍しい
場所になった
のです
陸と海の
世界観が
つながりました
むかわ町
Mukawa
それによって
生み出される
2つ目の価値は
教育的な価値
理科

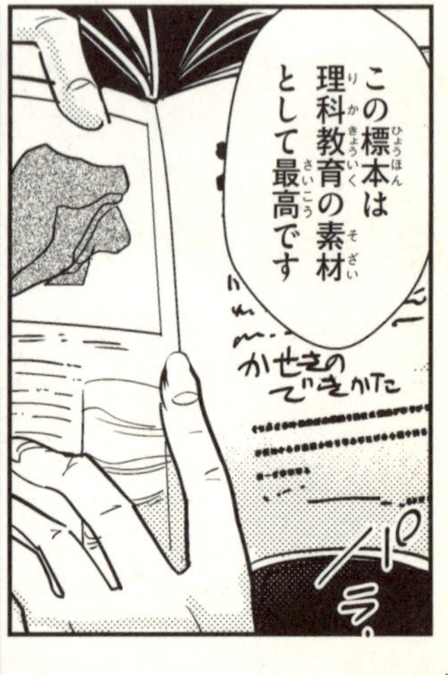
この標本は
理科教育の素材
として最高です
パラ

おーーーーっ!!
これをきっかけに
子供たちが
理科に興味を
持つ可能性が
高くなりますし
生涯学習の
素材として
大人向けにも
使用できます

むかわ町は
最高の恐竜標本を
展示している
穂別産 恐竜化石
理科教育の
中心地域に
なるのです

そして
3つ目は
広報価値

他の化石に比べ
恐竜化石の
インパクトは
桁違いです

化石のニュースが
全国に発信
される度に
むかわ町
全身骨格の可能性
「むかわ町」で恐竜化石
むかわ町ってどこー?
むかわ町の
名前が
広がっていく

「むかわ町」
いくらかかるかわからないほどの広報効果が
日本中に広がるのです

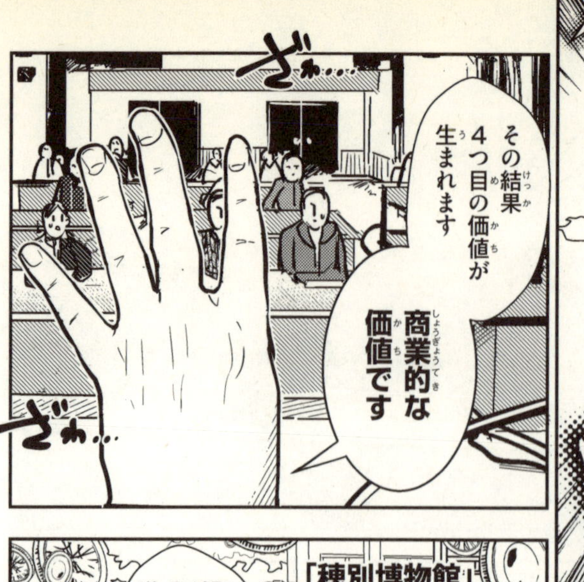
ざわ……
その結果4つ目の価値が生まれます
商業的な価値です
ざわ…

「穂別博物館」
観光客が増えて町の収入が増えれば
グッズの製作も考えられるでしょう
かわいー

ぬいぬい
チクチク!!
そうした商品をつくる技術を町で育てれば
むかわ町に新たな産業が生まれます
ざわ…
ざわ…

これこそ恐竜化石を中心に町が発展する
恐竜ワールド構想なのです！
むかわ町
恐竜ワールド
おもしろい話になってきたべや
オォーーッ!!
町おこしになるべ！
そう！今回の化石はむかわ町の皆さんにとって
ダイヤの原石と言えるでしょう
しかしダイヤがお店に並ぶためには
職人によって美しくカットされなければいけません

恐竜化石の近くにいる人たちは
それぞれの方法でダイヤを磨いていますが
この恐竜の存在を日本へ 世界へ伝えるためには
さらに磨いて輝かせなければいけません

皆さんの力をお借りしたい
パチ
パチ
共にむかわ町を盛り上げていきましょう
パチ
パチ

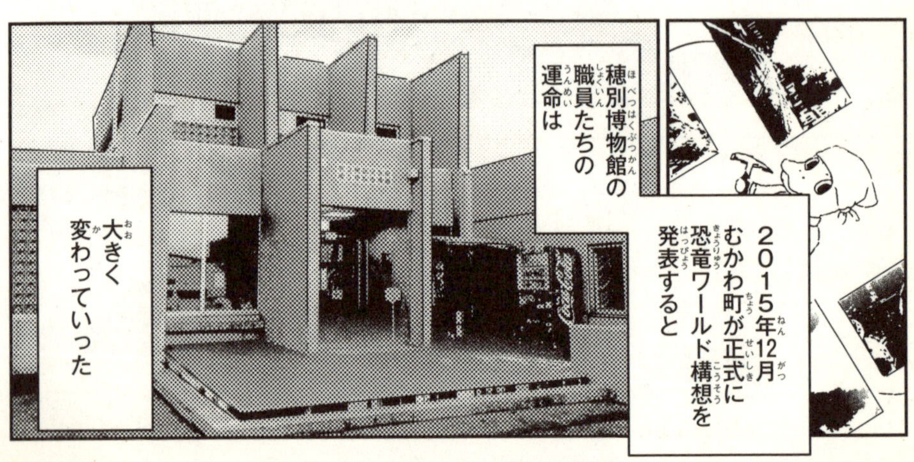
2015年12月むかわ町が正式に恐竜ワールド構想を発表すると
穂別博物館の職員たちの運命は
大きく変わっていった

小さかったクリーニングスペースは
恐竜化石のために拡張された

クリーニング技師も増員され
計6tのノジュールのクリーニングに着手していた
ごってり…

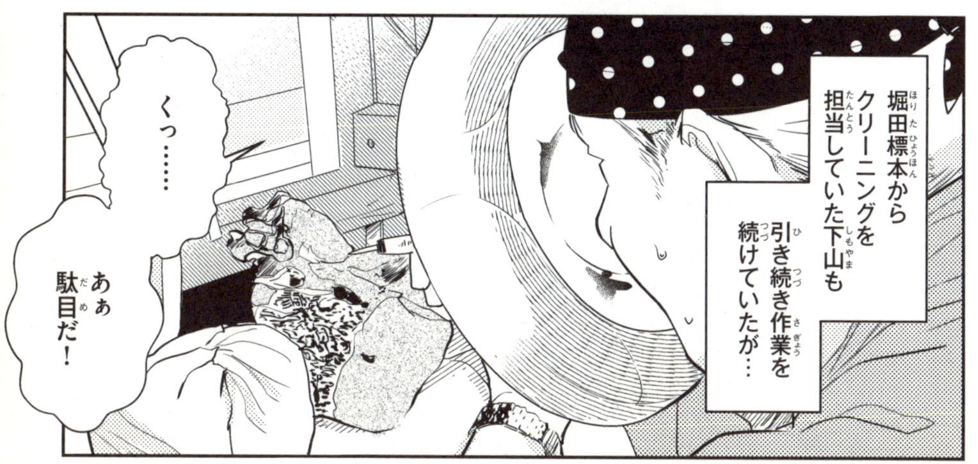
堀田標本からクリーニングを担当していた下山も
引き続き作業を続けていたが…
くっ……
あぁ駄目だ！

薄くて脆い頭骨を
タガネで掘るなんて
無理だ!
あぁ
あぁ!
ちょっと力を
入れただけで
バラバラに
なっちまう!

蟻酸を使えば
壊さず出せる
のに…
プル
プル
Formic Acid (88%)
ぎ 酸 (88%)
お疲れ様です
下山さん

どうですか?
作業の調子は
小林はしばしば
化石の写真を撮りに
博物館を訪れていた

小林さん
見てくださいよ
この繊細な
頭骨!
ここだけでも
蟻酸を使わせて
ください!

禁止
Formic Acid (88%)
酸 (88%
そういえば禁止してましたね
わかりました使っても構いません
本当ですか!?

浸し過ぎて溶け過ぎ
消
消
蟻酸は扱いが難しい薬品ですから
禁止していたんですが
ドッ
どうやら杞憂だったようですね

じん
下山さんの技量なら問題ないでしょう
引き続きお願いします
はい！がんばります！
こうしてクリーニング作業は急ピッチで進行した

穂別博物館の普及員だった西村は2013年 学芸員に
2015年には正規職員となり
キラーン
てへへ…
櫻井は館の職務に邁進し
2018年館長に就任
ワイワイ
クリーニングが終わった化石を展示すると
穂別産 恐竜化石
博物館の来館者も増えていった
ワイワイ

すっごいね
おっきい尻尾!
本当にこんなのが生きてたの!?
ええ 今から7000万年前の白亜紀に…
ああ 恐竜の解説してる…
幸せだなぁ
櫻井さん まだ満足してちゃ駄目ですよ

よっしゃ!!
そうだね
恐竜化石の存在を
告知して
実際 むかわ町に
来てもらわないと!
他の博物館や
学会から講演の
依頼が来てます
積極的に参加して
化石の価値を
伝えなければ

西村は
自ら研究した
地質の記録と合わせて
化石をどうやって
掘り出したか講じ
大夕張〜穂別地域
稲里
穂別
…函淵層
…蝦夷層群
櫻井は
発掘の工程や
全身骨格化石の
意義を説明した
おぉーー
彼らのたゆまぬ
努力が実り…
タタタ

穂別博物館には
例年の2倍近い人たちが来るようになった
うれしい…
うんうん
ワイ
ワイ

2016年12月
むかわ町
穂別町民センター

ご足労いただきありがとうございます
小林先生の激励もあって
むかわ町は「恐竜ワールド戦略室」を立ち上げたんです

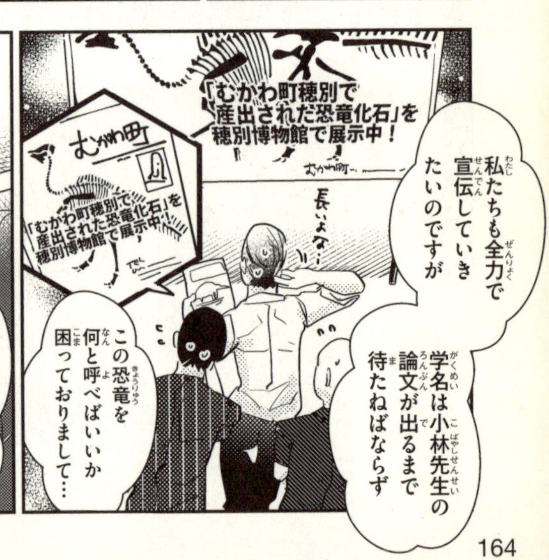
「むかわ町穂別で産出された恐竜化石」を穂別博物館で展示中！
むかわ町
「むかわ町穂別で産出された恐竜化石」を穂別博物館で展示中！
長いよな～
私たちも全力で宣伝していきたいのですが
学名は小林先生の論文が出るまで待たねばならず
この恐竜を何と呼べばいいか困っておりまして…

広報の観点から「通称」を決めようという話になりました
一応我々も案を考えているのですが

発見者である
堀田さんのご意見も
お聞きしたくて…
すべての
始まりとなった
堀田標本を見つけ
予備調査にも
同行した
堀田だったが

その後の発掘には
ほとんど参加せず
距離を置いていた
…俺ぁ信じられ
なかったんだ
あの尻尾の先に
胴体が丸々
残っている
なんてさ

もし続きが
なければ
小林先生は
嘘つきに
なっちまうし
嘘つき!
税金のムダだ!!
金出した
むかわ町だって
非難されるべや

そんなことになったら
俺が見つけたせいだって
怖くなっちゃってさ
発掘に誘われても
逃げちまったんだ

堀田さーん!!
だから大腿骨が見つかったと聞いたときは
もうホッとしたやら嬉しいやらで
おお…
失敗や非難をおそれず自らを信じぬいた
小林先生が眩しく見えたもんだ

この化石の発掘はさ
だいぶ前から名前は決めてたんだよ
小林先生の技量とむかわ町の献身的な協力
全面支援してくれた議会の決断
みんなの想いが詰まった化石だから

むかわ竜
むかわ竜って のはどうかな？

シンプルイズベスト♪
いいですね！ 我々も候補に 挙げてました！
想いもこもって いるし これで いきましょう！

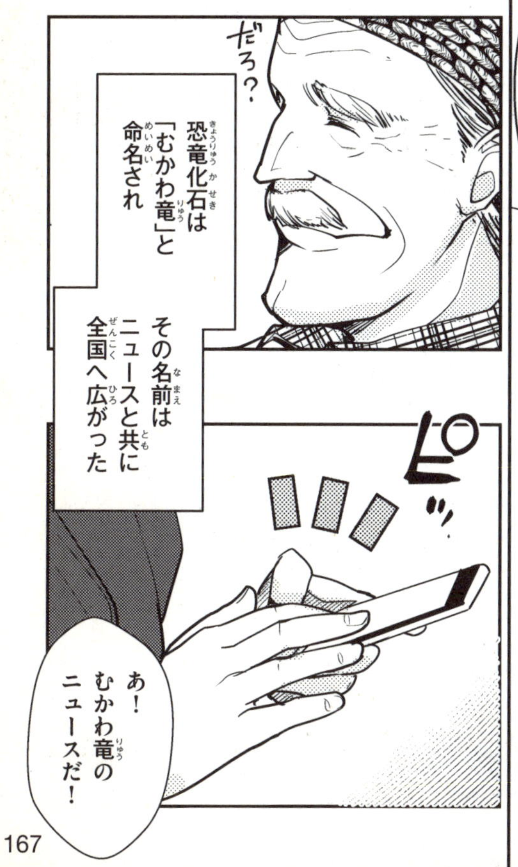
だろ？
恐竜化石は 「むかわ竜」と 命名され
その名前は ニュースと共に 全国へ広がった
ピッ
あ！ むかわ竜の ニュースだ！

へぇー
あの化石が…
日本初の
全身骨格に
なるなんてねぇ

私も負けて
られないわね！
さて 授業の
レジュメを…て

噂をすれば
櫻井さん！
お久し
ぶりですー

……え？
むかわ町に
…ですか？

2017年
3月29日
新千歳空港
AIR DO
ROYCE'

迎えが来るっていってたけど誰が来るのかしら…？
おーい 佐藤さん こっちこっち！

こんにちはー
小林さん!?
どうぞ乗ってください

この前のテレビ見ましたよ
いやー親戚にあの番組が好きな子がいて…

ゼミでも話題になってましたよ
ダイナソー小林がテレビに降臨！って
ラジオは好きなんですけどね…子ども科学電話相談室とか

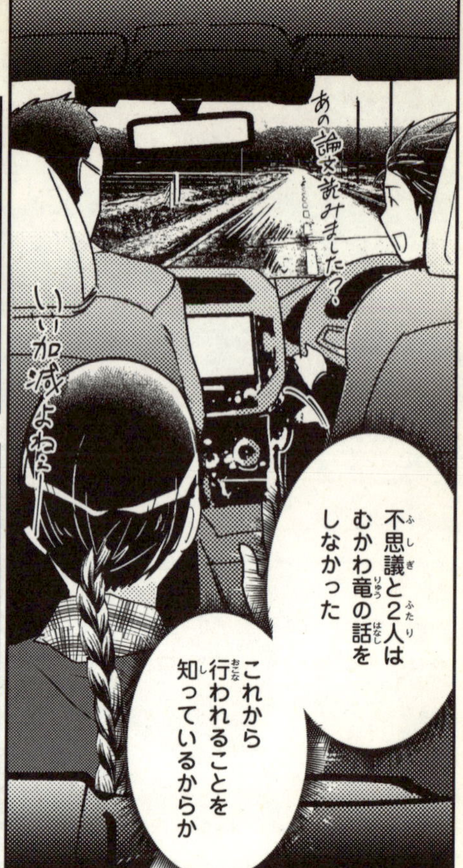
あの論文読みました?
いい加減よねぇ
不思議と2人はむかわ竜の話をしなかった
これから行われることを知っているからか

それとも楽しみを取っておきたいのか
むかわ町
車は静かにむかわ町穂別に向かっていく

ざわ…
わ!すごいカメラがいっぱい
ざわ…

……小林さんそろそろ教えてほしいんだけど?
これから何をするのか

むかわ竜のクリーニングが一段落したので
いったん全身を並べてみようかと
たぶんすごいことになりますよ

皆さん！お集まりいただき感謝します

それではこの布の上に化石を配置していきましょう

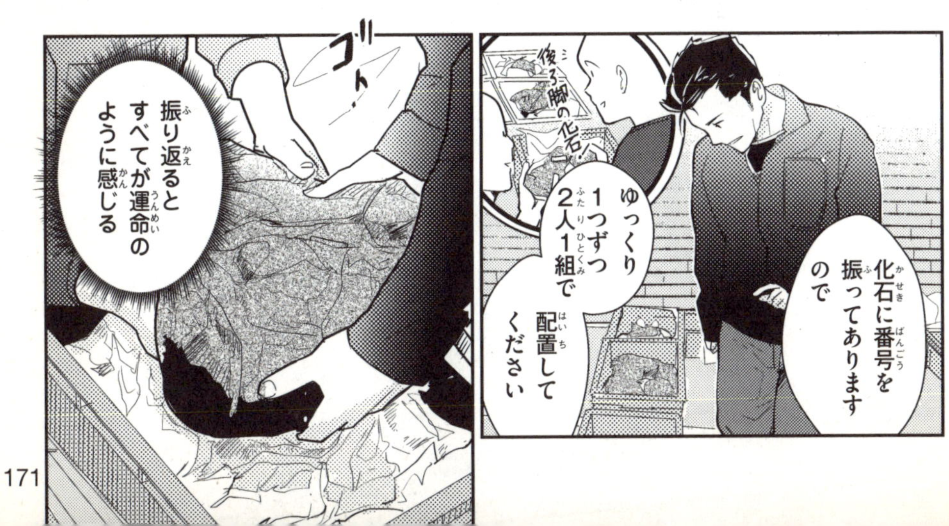
化石に番号を振ってありますので
ゆっくり1つずつ2人1組で配置してください
後ろ脚の化石！
振り返るとすべてが運命のように感じる

ざわ…
むかわ町が恐竜化石に理解を持っていたこと
ざわ…
これ腰の骨で…
櫻井さんが恐竜化石を探し求めていたこと
二の尾椎骨が「あの時」の…
大腿骨だべな―
堀田さんがノジュールを見つけたこと
ゴト
佐藤さんが恐竜と見分けたこと
ゴト

ざわ
肩の骨は！
地層を知る
西村さんが
博物館に
いたこと
ざわ…
道具の使い方を
熟知した
下山さんが
いたこと
うん！
そして…
僕が北海道に
いたこと
誰が欠けても
タイミングがずれても
成功しなかった
まさに 運命の
発見だった

体長8m
体重約7tの
恐竜全身骨格が
体育館に
並べられた

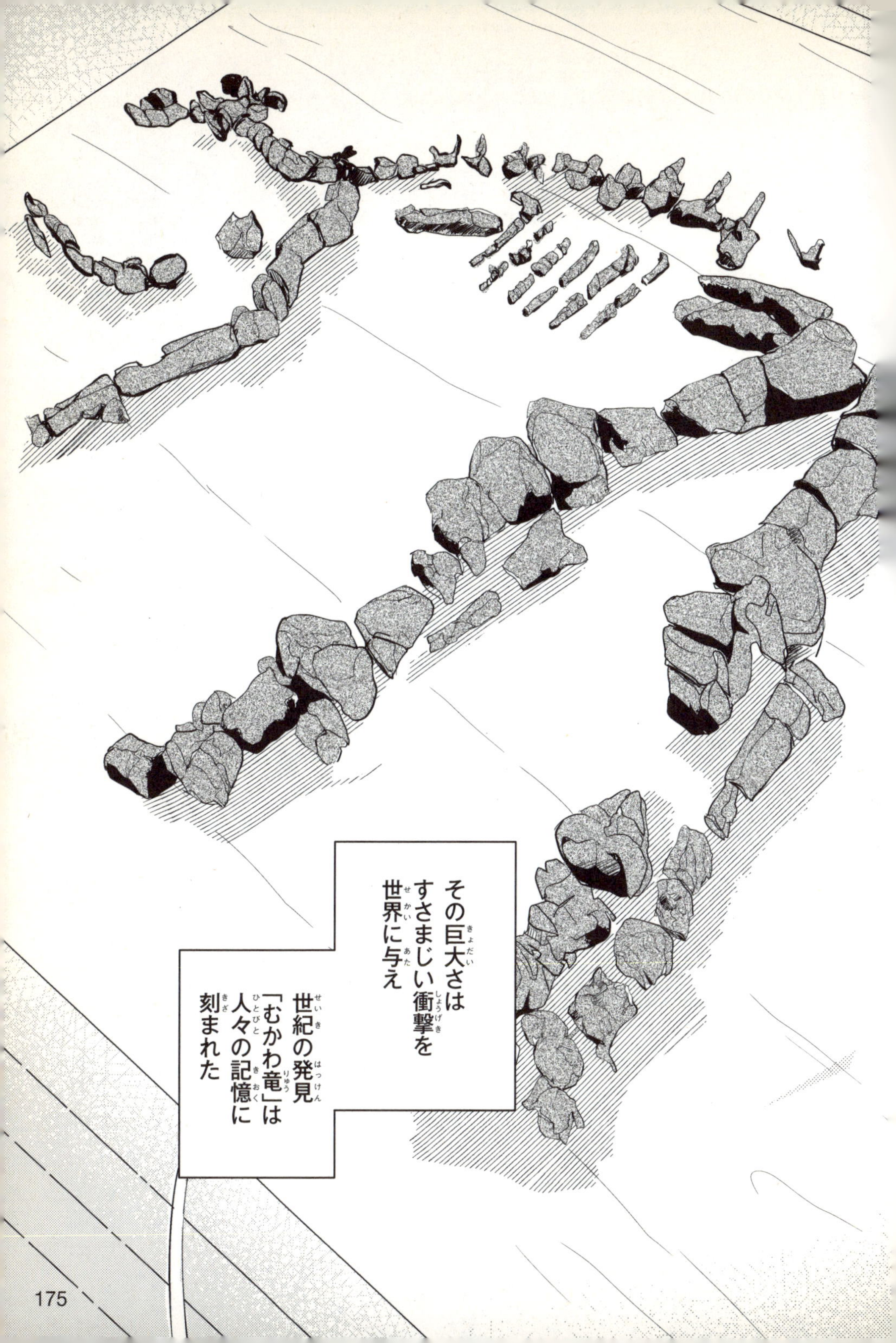
その巨大さは
すさまじい衝撃を
世界に与え
世紀の発見
「むかわ竜」は
人々の記憶に
刻まれた

日本の恐竜と日本の恐竜研究者

日本の恐竜化石産地といえば、北陸の手取層群が有名です。とくに福井県では組織的発掘を長年続けており、毎年のように大きな成果をあげています。竜脚類（頭部が小さく、首と尾が長く、四足歩行をする植物食恐竜）のタンバティタニス（*Tambatitanis*）の産地である篠山層群では、近年は特に卵化石が注目されています。

その他にも、和歌山県や徳島県、長崎県、熊本県などでも恐竜化石の発見が報じられており、今後の調査の結果が待ち望まれています。もちろん、北海道をはじめとする従来からの産地も注目です。

こうした発見に対して、自治体も連携する動きをみせており、むかわ竜の産地であるむかわ町、丹波市、丹波市と同じく篠山層群が分布する丹波篠山市、そしてかねてより恐竜化石産地として知られる熊本県御船町が連携して「にっぽん恐竜協議会」を２０１７年にスタートさせました。

一方、学界では恐竜をテーマとした研究ができる研究室が各地の大学で開講されるようになりました。本書に登場する小林快次さんが属している北海道大学をはじめ、岡山理科大学などでも、小林さんの研究室で育った若手研究者が自分の研究室をもつようになりました。

20世紀までは「恐竜を学ぶには海外へ行け」と言われていました。しかし、現在では、海外で学んだ研究者が日本の大学で講座を開くようになってきたのです。

もしもあなたが大学で本格的に恐竜を研究したいと思うのであれば、インターネットで検索してみてください。さまざまな恐竜研究者が、自分の得意分野を生かした研究室を開講しているはずです。そうした研究者情報を参考に、進学先を探してみてください。

恐竜研究者の数は増える傾向にあり、学ぶ場も増えています。日本の恐竜学の将来は明るいのです。

日本恐竜史略年表

年	主なできごと
1934	当時日本領だった南樺太で恐竜化石が発見される
1936	1934 年に南樺太で発見された恐竜化石が、ニッポノサウルス（*Nipponosaurus*）の論文が発表、命名される
1978	岩手県でモシリュウの化石が発見される
1982	石川県で手取層群の恐竜化石が発見される
1984	熊本県で 1979 年に発見された化石が恐竜のものと判明し、ミフネリュウとして報告される
1989	福井県で手取層群の大規模発掘開始（以降、断続的に 2018 年までに計４期実施）
1992	福岡県で 1990 年に発見された化石をもとにワキノサウルス（*Wakinosaurus*）の論文が発表、命名される
1994	群馬県でスピノサウルス類の化石が発見される
	徳島県でイグアノドン類の化石が発見される
1996	三重県でトバリュウの化石が発見される
1999	群馬県で 1981 年に発見されたサンチュウリュウの論文が発表される
2000	福井県から大規模発掘の成果としてフクイラプトル（*Fukuiraptor*）の論文が発表、命名される
2003	**むかわ竜の化石発見**
	福井県から大規模発掘の成果としてフクイサウルス（*Fukuisaurus*）の論文が発表、命名される
2004	北海道で 1995 年に発見されたノドサウルス類の論文が発表される
2007	兵庫県で篠山層群の大規模発掘開始（以降、断続的な発掘調査が行われている）
2009	石川県からアルバロフォサウルス（*Albalophosaurus*）の論文が発表、命名される
2010	福井県から大規模発掘の成果としてフクイティタン（*Fukuititan*）の論文が発表、命名される
2013	**むかわ竜の第一次発掘**
2014	**むかわ竜の第二次発掘**
	兵庫県から大規模発掘の成果としてタンバティタニス（*Tambatitanis*）の論文が発表、命名される
2015	福井県から大規模発掘の成果としてコシサウルス（*Koshisaurus*）の論文が発表、命名される
	長崎県でティラノサウルス類の化石が発見される
2016	福井県から大規模発掘の成果としてフクイヴェナートル（*Fukuivenator*）の論文が発表、命名される
	香川県で 1986 年に発見された化石が、ハドロサウルス類のものと判明する
	徳島県でティタノサウルス形類の恐竜化石が発見される
	熊本県で 2011 年に発見された化石が、ケラトプス類のものと判明する
2018	北海道でティラノサウルス類の化石が発見される
2019	**むかわ竜の全身復元骨格完成**
	岩手県でティラノサウルス類の化石が発見される
	和歌山県でスピノサウルス類の化石が発見される

※『恐竜学最前線10』（1995年刊行；学習研究社）、『楽しい日本の恐竜案内』（監修：石垣忍、林昭次、執筆：土屋健ほか；2018年刊行：平凡社）などを参考に、各地域の代表的な恐竜化石や大規模発掘計画などをまとめた。ここにあげたもの以外にも、日本各地からさまざまな恐竜化石が発見されている。なお、同じ年の中での順序は考慮していない。

最終話「発光」

20XX年 夏
アラスカ某所――
ヒュ
ウォウ

毎年 小林快次は恐竜化石の発掘調査のため
夏でも雪が降る極圏にいる

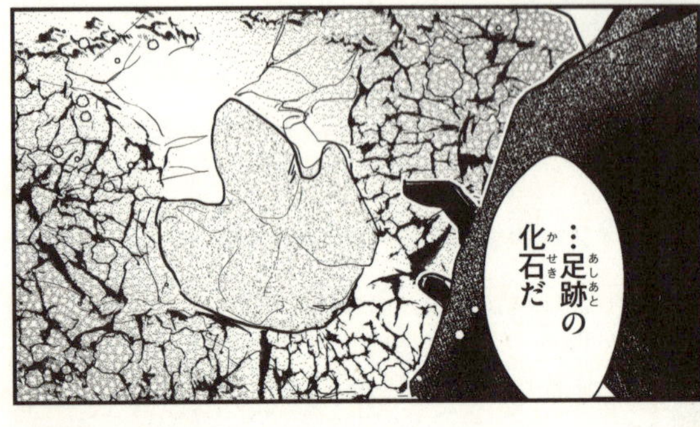

…足跡の化石だ

オォ
ハドロの前足か…
オ
この大きさだと成体だな

こんなに斜面が
切り立った
環境でも
たくましく
生き延びて
いたんだな
ドワッ…
雪と
ハドロ
サウルス…
『あの』
化石のことを
思い出すな
2018年
クリーニングの
終わった むかわ竜の
全身骨格化石が
改めて
報道陣に
公開された
しかし
その2日後——

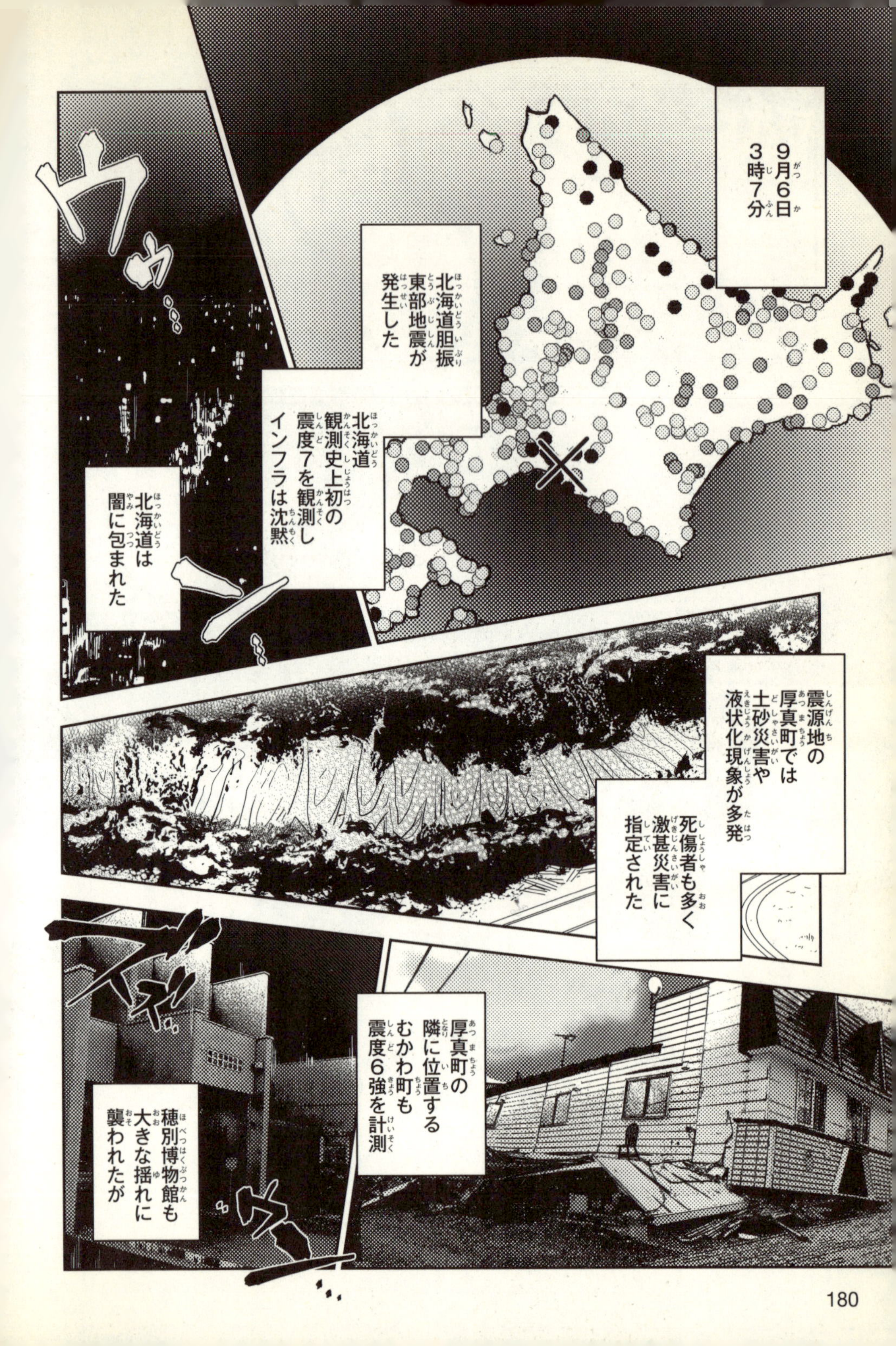
9月6日3時7分
北海道胆振東部地震が発生した
北海道観測史上初の震度7を観測しインフラは沈黙
北海道は闇に包まれた
ウゥゥ…
ン…
震源地の厚真町では土砂災害や液状化現象が多発
死傷者も多く激甚災害に指定された
厚真町の隣に位置するむかわ町も震度6強を計測
穂別博物館も大きな揺れに襲われたが
ズズ
ウ…

公開後むかわ竜の化石は
運搬用に1つ1つ梱包されていたため
ズズ…
ズズ!!…
奇跡的に無傷だった

いくつかの標本に被害は出たものの施設自体も無傷だったため

よしっ…
えっほ
えっほ。

うん
約1か月後には再開した

むかわ竜は今やただの町おこしの起爆剤ではない
むかわ竜
実物大レリーフ

Mukawa - Dinosaur
むかわ竜
日本初
国内最大 恐竜全身骨
復興の象徴
遠のいた客足を
呼び戻す
希望の光
むかわ町の…
北海道の未来を
背負う存在と
なりつつある

むかわ竜が
輝きを増すために
この化石が
少しでも
役に立つかも
しれない
ザッ…
ザッ
北海道に帰ったら
むかわ竜の研究の
続きだ
帰る……か
すっかり北海道に
いついて
しまったたな
ザッ

私がアメリカで学んだのは
大学は渡り歩くべきだということだった
SMU
いろいろな環境で学ぶことで
自分の経験に深みが出てより広い視野を持てるようになる
それは仕事も一緒だった
2000年
福井県立恐竜博物館就職。
知見を深めるためさまざまな機関を渡り歩き
2005年北海道大学に就職したときも
ここにいるのは5年だろうと考えていた

6月アラスカ
だが その考えも変わっていった
モンゴル
9月
カナダ
3月
一年の3分の1も外に出ることを許してくれた北海道大学
高い意識を持った北海道の博物館学芸員や
函淵層模式地
シューパロ湖
函淵峡谷
富内
アラスカ
カナダ
モンゴル
学生たちの化石への思いを見ているうちに
北海道は「職場」から「拠点」となり
ザリ
全身骨格が出てやることも増え
気づけば10年以上いる
むかわ竜の発見は――
ザリ

運命だ
僕たちの…
むかわ町の…
北海道の
運命を変える
可能性を
秘めている

できた
むかわ竜
むかわ町
穂別博物館
24km
…むかわ竜って
こういうキャラだっけ…？
むかわ竜の
価値を世界に
伝えようと
町の人たちも
協力して
日夜奮闘し
続けている

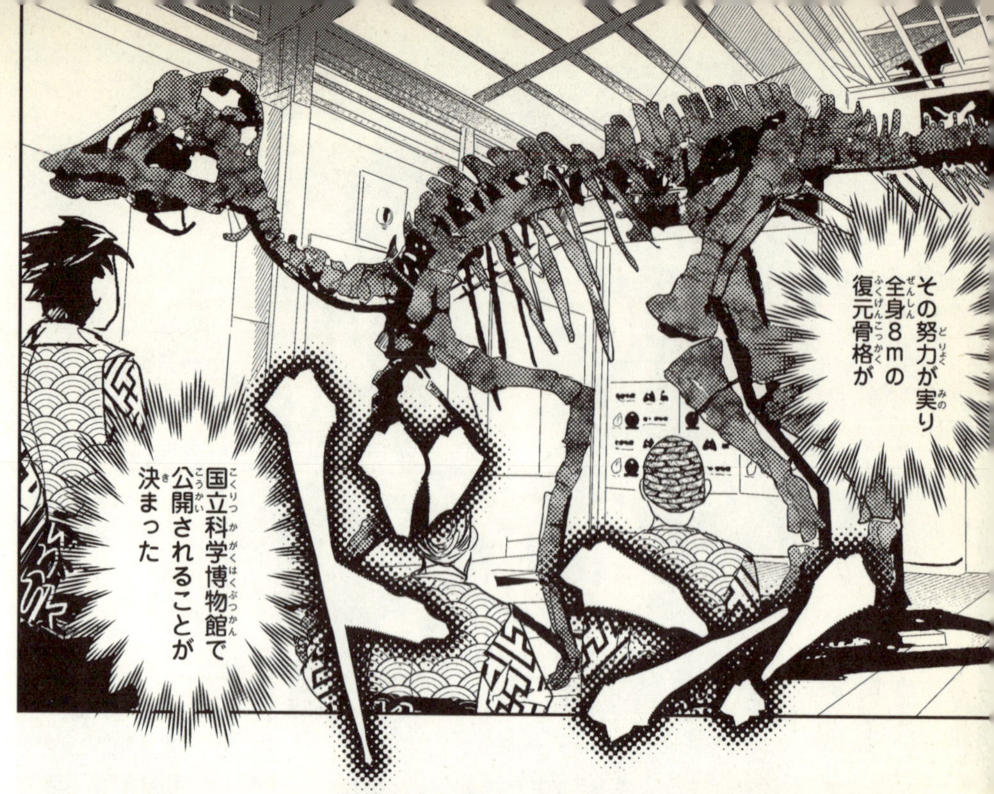
その努力が実り
全身8mの
復元骨格が
国立科学博物館で
公開されることが
決まった

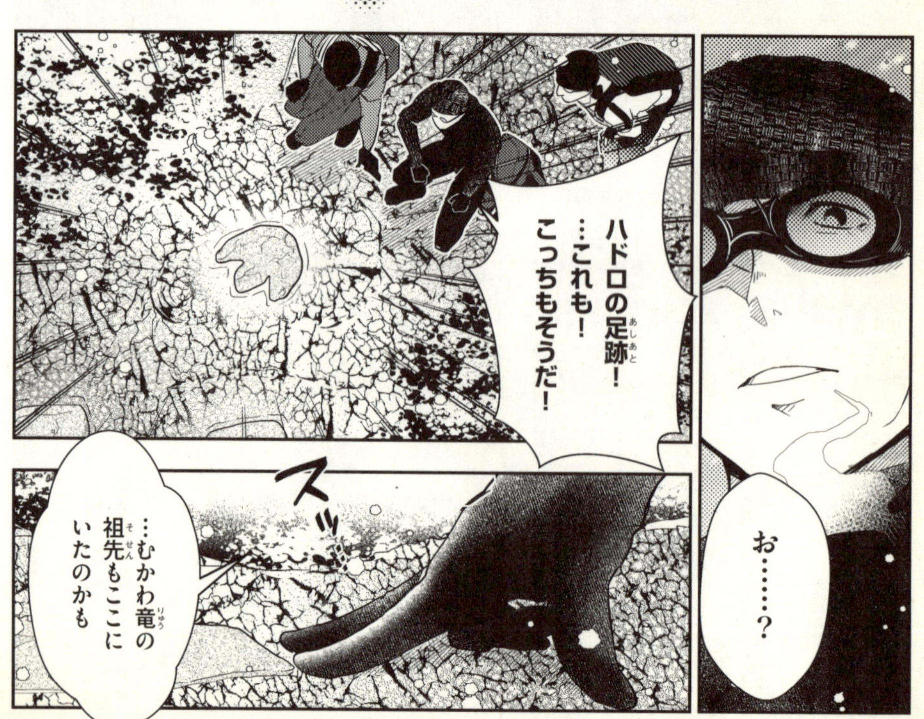
ハドロの足跡！
…これも！
こっちもそうだ！
お……？
ス
…むかわ竜の
祖先もここに
いたのかも

彼らが
北米大陸から
アジア大陸

日本へと
渡ってきた
ように

僕もカナダから
アラスカを
通って
チャ・
モンゴル
そして北海道へ
調査地を
移動していく

キミたちは
こんな過酷で
長い旅を経て

北海道は
いい所だろ
長い旅を
してきたんだ
ゆっくりしていけ

むかわ町にたどり着いたのか
キミは輝き続けるだろう
これからのむかわ町を
北海道を明るく照らすために

主な参考資料

一般書籍

- 『Dinosaurs: The Most Complete, Up-to-date Encyclopedia for Dinosaur Lovers of All Ages』 著：Thomas R. Holtz, Jr. Random House, 2007

画像資料

- 服部雅人（P.121）
- 安友康博／オフィス ジオパレオント／所蔵：ミュージアムパーク茨城県自然博物館（P.17、P30）
- 『北海道クローズアップ「恐竜大発掘 ～むかわ町穂別　2年半にわたる密着～」』 NHK、2014
- 『サイエンスZERO「恐竜大発掘　出るか!?日本初の完全骨格」』 NHK、2014
- 『世紀の発見！日本の巨大恐竜』 NHK、2017
- 『これが恐竜王国ニッポンだ！』 NHK、2018

WEBサイト

- むかわ町　穂別博物館　http://www.town.mukawa.lg.jp/1908.htm
- むかわ町　恐竜ワールド　http://www.town.mukawa.lg.jp/dinosaur/
- 国立科学博物館　http://www.kahaku.go.jp/
- 福井県立恐竜博物館　https://www.dinosaur.pref.fukui.jp/
- 北海道大学　https://www.hokudai.ac.jp/
- サザンメソジスト大学　https://www.smu.edu/
- NHK　VR×AR「超恐竜VR」　https://www.nhk.or.jp/special/dino/ar.html
- 公益財団法人　地震予知総合研究振興会
「2018年9月6日（06時11分）胆振地方中東部の地震」震度分布図
http://www.adep.or.jp/kanren/Eq_data/180906b.html

本書は、2016年7月に発行された『ザ・パーフェクト―日本初の恐竜全身骨格発掘記 ハドロサウルス発見から進化の謎まで』を元に漫画化・再編集したものです。

プロフィール

企画/原案/コラム執筆

つちや　けん

土屋 健

サイエンスライター。オフィス ジオパレオント代表。
金沢大学大学院自然科学研究科で修士（理学）を取得。その後、科学雑誌『Newton』の編集記者、部長代理を経て、2012年より現職。古生物に関わる著作多数。『リアルサイズ古生物図鑑　古生代編』（技術評論社）で「埼玉県の高校図書館司書が選ぶイチオシ本2018」第1位などを受賞。近著に『恐竜・古生物ビフォー・アフター』（イースト・プレス）など。本書の原作である『ザ・パーフェクト』（誠文堂新光社）も執筆。

監修

こばやし　よしつぐ

小林 快次

日本では数少ない恐竜化石を専門とする研究者。
ワイオミング大学地質学地球物理学科卒業。サザンメソジスト大学地球科学科で博士号を取得。
現在、北海道大学総合博物館教授。著書に『ぼくは恐竜探検家！』（講談社）ほか。恐竜図鑑の監修本多数。

漫画

やまもと　よしてる

山本 佳輝

愛媛県出身の漫画家。歴史好き、ゲームオタクなラジオ聴き。好きな恐竜はスピノサウルス。アンソロジーや実用書マンガを中心に活動。主な作品は、『マンガでわかる三国志』(池田書店)や『STEINS;GATEコミックアンソロジー』(一迅社)など、他多数。

協力

むかわ町穂別博物館

1982年に開館した、むかわ町立の自然史系博物館。本書に登場する櫻井和彦、西村智弘が所属している。入口ホールにクビナガリュウ「ホベツアラキリュウ」全身復元骨格のほか、モササウルス類の生体復元模型、化石ウミガメの全身復元骨格も展示されている。さまざまなアンモナイトやイノセラムスなど、特に中生代白亜紀の古生物に関して充実している。

[所在地] 〒054-0211 北海道勇払郡むかわ町穂別80番地6
[電 話] 0145-45-3141

表紙イラスト 山本佳輝・犬神リト
表紙デザイン SPAIS
本文デザイン シーツ・デザイン
漫画協力 おさけ・狐塚あやめ
校 正 佑文社
編集制作 藤本亮（サイドランチ）

漫画 むかわ竜発掘記
恐竜研究の最前線と未来がわかる

NDC457

2019年6月27日 発行

企画・原案 土屋健
監 修 小林快次
漫 画 山本佳輝・サイドランチ
発 行 者 小川雄一
発 行 所 株式会社 誠文堂新光社
〒113-0033 東京都文京区本郷3-3-11
（編集）電話 03-5805-7762
（販売）電話 03-5800-5780
http://www.seibundo-shinkosha.net/
印 刷 所 星野精版印刷 株式会社
製 本 所 和光堂株式会社

ISBN978-4-416-51945-5